小岛老师的
小包装点心烘焙技巧

少量制作才能体现出的精湛技艺和手作味道

（日）小岛留味／著　榕倍／译　爱整蛋糕滴欢／审校

Oven Mitten's Technique

北方联合出版传媒（集团）股份有限公司

辽宁科学技术出版社

篇首语

在 Oven Mitten 甜点屋，我们制作面点的基本原则是"小批量烘焙"。

所谓"小批量烘焙"，就意味着少量制作，也就是减少制作数量，增加制作次数。

看起来这样没什么效率，但实则优势甚多。

首先，可以在点心还新鲜的时候全部销售一空。

其次，好吃！

好吃，可能听起来有点笼统。但其实在制作冰盒曲奇的时候，一次制作 300 个和一次制作 50 个的成效一定有所区别。

毕竟一口气制作 300 个曲奇的时候，先被挤出来的面团可能会软化、会跑气、会变干。

这样点点滴滴的事情集结在一起，最终会从味道中体现出差别。

如此一来，什么都是少量制作才好吃吗？当然不是这样。

重要的是，对面糊和奶油进行精心管控，让它们始终处于理想的状态。

柔和的蛋香、酥脆的口感、蓬松的质地……成品的质量取决于匠人的手艺（搅拌方法和调整方法）和机器的状态。但在少量制作的时候，只要充分留意，就能精准地控制成品的质量。最想通过点心来表达的东西，都能在少量制作的时候充分表达出来。

如果您问我："小批量烘焙，量到底是多少呢？"我会告诉你："能实现理想味道的分量、能保证美味的分量。"批量生产当然也能做出美味的点心，但就像上面提到的冰盒曲奇一样，大多数的点心在少量制作的时候更能确保口味的稳定。

现实中的少量制作需要结合条件和环境来进行调整。本书以便于台式搅拌机操作的分量为标准。为了能让各位读者毫不费力地在短时间里实现理想的面团和奶油状态，我会详细介绍一些不为人知的台式搅拌机使用技巧。

如果您正准备开店，或者已经在西点行业里大展身手，希望可以在本书中获得些许帮助。

2022 年 12 月
Oven Mitten 小岛留味

小岛留味

身为东京小金井市"Oven Mitten"的店主和主厨，小岛留味女士可谓女性甜品师的奠基者。自1987年甜点屋开业以后，身为法式料理厨师长的丈夫小岛晃先生也加入其中，逐渐开始添加咖啡角和点心教室的经营模式，这样的风格一直持续到今天。秉承"食材的自然味道才是点心的美味"这个理念，小岛留味女士开发出了独树一帜的"配方"，从而才能用自然素材呈现出普通甜点的最佳味道。点心教室的核心内容是搅拌的方法，日本各地，甚至海内外的学员纷至沓来。无论点心教室的毕业生、曾经的西点制作师，还是原本就独自从事甜品店经营的人，大多数都立足于各自生活的地区，经营着人气十足的甜品店和咖啡店。著有《小岛留味的美味曲奇搅拌方法》《小岛留味的蛋糕教室》等众多作品。

目录
Contents

关于视频

本书附带Oven Mitten独家的面团搅拌方法的视频演示资料（p.22）。

用手机和平板电脑直接扫描二维码，均可浏览讲解视频。您可以通过视频确认实际的动作、速度、细节和面团的状态。

＊浏览视频时产生的流量需要读者自行负担。另外，由于机种区别，某些电脑、手机、平板电脑可能存在无法浏览的情况。另外，有可能在未经事先告知的情况下停止视频的提供，敬请谅解。

日文版工作人员名单

助理/FMI
材料助理/cotta
摄影/RO-RAN 麻奈
设计/高桥朱里（MARUSANKAKU）
点心制作助理/高野雅子、中内真理子、鸭井幸子
版式/水奈
编辑/水奈、池本惠子

本书食谱所对应的少量制作

磅蛋糕	长14cm × 宽8cm × 高6cm模具4 ~ 5个
戚风蛋糕	直径21cm模具1个＋直径14cm模具5个
切块蛋糕	直径15cm圆形模具3 ~ 5个
芝士蛋糕	直径15cm圆形模具3 ~ 8个
费南雪	长7.8cm × 宽4.5cm × 深2cm模具25 ~ 50个
冰盒曲奇	130 ~ 145个
月牙曲奇	50 ~ 100个

推荐小批量烘焙的 6 个理由

1. 成品细腻，便于调整

大批量制作以后，无论怎么精心制作都免不了出现"流水线味道"。

材料多了，操作就也跟着糙了，毕竟手工制作的难度增加了。相反，在分量相对少的时候，细枝末节都在目光可及之处，更容易进行仔细的操作和修饰。用轻巧便捷的设备仔细制作面团，然后通过揉搓来呈现细腻的口感。

2. 重视点心的"新鲜度"

曲奇和费南雪这种烘焙点心，美味程度在新鲜出炉时达到顶峰。少量生产、频繁烘焙，则无须担心味道会在储存过程中变差。另外，芝士蛋糕这类点心，往往需要略微放置才会更好吃。每种点心都有不同的最佳品鉴时期，应该在这种最佳状态下把它们呈现给顾客。

3. 面糊完好无损，成品味道上乘

如果使用大号搅拌机和大号工具，总是会给面糊带来些许影响。另外，容器越大，面糊就越容易因为自身的温度和重量而受到影响。这是因为每道工序都需要更长的时间，过程中难免发生面团变软、变干等时间损耗。与此相比，少量制作时操作时间短，搅拌质地均匀，失败的可能性更小。

4. 提高操作效率，缩短制作时间

如果每次制作的分量少，所需的时间就会短一些。

这样一来，可以早早完成烘焙，确认销售行情，如有必要的话立即再生产一批。每次操作的时间短，能让我们更加集中注意力，提高操作效率。特别在那些女性居多的职场环境中，短时间操作可以避免疲劳。准备材料受限的小厨房操作，就特别适合小批量烘焙的方法。

5. 损耗少

量大时，清洗工具的时间也要增加。如果有卖不出去的点心或者操作失败，难免面临大量损耗。从这个方面来说，小批量烘焙的报废量相对少一些。

一次性制作大量点心的时候，需要配备大号工具，这会导致粘在盆壁等处的材料和面团的报废量增加。

6. 可以缩减开业成本

采购大型设备、大号烤箱、大型搅拌机时，投资成本比较高，同时需要考虑与此相匹配的空间设置。如果小批量烘焙，我们可以把设备、储存冷柜、冰箱的投资控制在最小范围内。这很适合在狭小厨房操作，或投资预算有限的情况。此外，小批量烘焙对女性和没什么力气的人来说也更友好。

小批量烘焙可以营造"店铺的味道"

Oven Mitten 的点心，初见简单，但大多数都能让顾客一口惊艳，味道令人回味无穷。放进嘴巴里的瞬间，细腻的口感和食材的香气四散开来，吃完以后的余韵仍然可以持续良久。据说 Oven Mitten 点心的味道跟别家点心的味道不一样，一口就能让人分辨出来。

就我自己而言，偏好纯粹的食材组合，喜欢只用面粉、黄油、鸡蛋、牛奶、水果等制作的点心。所以我的店铺里不会用到添加剂等辅料。一路走来，我都在追求能直观地感受到食材味道的点心。

食材的选择、制作食谱、搭配方法、面糊的搅拌方法、烘焙方法、出炉……每一道工序都浓缩了精妙的匠心。为了演绎出更多的味道差别，我认为在面团的混合方法、揉搓方法、醒面方法、烘焙等眼睛看不到的地方要多花心思，这些不为人知的手艺和窍门叠加起来的功效非常重要。

即使是同款点心，不花时间地照搬照抄食谱制作的点心，最终也只能获得"平平无奇"的味道。相比用心制作的点心，它是没办法感动人心的。

在我留意到这件事以后，我开始逐渐追求让人满意的生面团味道，然后呈现出了能让顾客实际接受的味道。这样一来，除了组合点心以外，我的店里增加了许多能品尝到原汁原味的烘焙点心。

尽管如此，Oven Mitten 开店之初，我也以为"正是因为批量生产，才能体现专业的味道"，所以总是一口气做出好几天的量。这就不得不延长点心的保存期限，导致味道下降。

万幸，我常有机会在点心教室和食谱拍摄的时候进行少量制作。无论什么品种的点心，少量制作或单台设备制作之后的味道总是更美味。这个事实刺痛了我的心。也正是在这个时候，我掌握了少量制作（小批量烘焙）的技巧，以及生面团的搅拌方法和整理方法，进化至今，才形成了现在的 Oven Mitten 之味。

总结一下精髓，少量制作才是味道的原点。

味道创作的力量和幅度不断扩展，更容易孕育出自己原创的味道，也更容易展现自身的风格。着眼于细节，操纵着可控的分量，再叠加上精巧的心思和窍门，通过微妙的调整，终于实现了更上一层楼的味道。

Oven Mitten 的味道，来自小批量烘焙。

戚风蛋糕

　　一般来说，戚风蛋糕的成败取决于蛋白霜的发泡性，但往往无法避免蛋白的味道格外突出的问题。有段时间我一直在想，戚风就不能让人领略蛋黄的醇香和风味吗？在多次试错以后，我找到了现在这款食谱。大量使用蛋黄也能做出蓬松的口感，然后努力让少量的蛋白达到发泡能力的极限。减少蛋白泡里的砂糖分量，可以打出大小不一的气泡。但这样的蛋白霜很快就会出现分离现象，随后马上分崩离析。这时候，只能通过匠人的手艺一气呵成地完成搅拌作业。这个工序，唯快不破。大量制作的时候，无论如何都有难以突破的壁垒，但少量制作则能获得高质量的戚风蛋糕。气泡大小不一的面糊经过烘焙以后，吃进嘴里能感受到香浓的蛋黄味，而且那种味道好像能沉淀在嘴巴里，久久不会散去。

Chiffon Cake

奶油泡芙

　　Oven Mitten 奶油泡芙是店里的招牌产品，曾被多家媒体报道。开店之初，我正在摸索"只有我家店才能表现出的味道"，随之无意间留意到了这样一种手法——为了弄干卡仕达酱的水分，提取更加浓缩的味道，可以利用锅底的焦化感来强化味道。每次烘焙的数量最多为 60 个，当日烘焙，当日销售，有时候不得不一天反复操作几次。出锅以后，马上把卡仕达酱放进冰箱里快速冷却，提炼黏稠度，然后在即将分离的前一刻用打蛋器与高脂淡奶油混合。刻意留下点混合不均匀的质感，在销售前灌进泡芙皮里。重点是要一边观察橱窗里的剩余量，一边少量追加制作。鸡蛋、牛奶的香气和焦糖的甜蜜混合在一起，小小一颗也能带来异乎寻常的满足感。独此一家的泡芙，完成！

Cream Puff

Oven Mitten 风格
小批量烘焙的奥义

○ 机器和手工的因地制宜

为实现不同的目的，可以分别采用机械（厨师机）和手工（匠人的手工操作）的手法。如果需要打发细腻的泡沫或者需要用力搅拌，可以充分发挥机器的功能。相反，如果想在点心中体现只有手工操作才能实现的口感和香气，就只能动用自己的双手了。

○ 食谱的数值化、语言化

所有的食谱都可以进行数值化和语言化的转换。无论数量、面团的温度，还是完成后的状态，以及"搅拌 ×× 的面糊，搅拌 × 次，共 × 分钟"等细节，都可以在转换后准确地跟员工共享。这样做的目的是更精准地还原食谱。

○ 与增量无关的小批量手法

在销售点心的过程中可以慢慢增加烘焙的数量。这个过程中最需要注意的是"确保品质前提下的数量临界值"。如果考虑增加数量，需要同时进行完善的温控管理，随时关注搅拌盆里的分量，坚守仔细搅拌、消除结块等小批量操作方法。

本书食谱的阅读方法

食谱中记载的机器搅拌和手工搅拌的数值如下。
本书食谱中的分量已调整到适合厨房制作的分量。

机器搅拌

本书中使用的机器（台式搅拌机）为
"Kitchen Aid KSM5"。

搅拌桨主要用来搅拌黄油和砂糖。
制作曲奇的时候可以用来混合面粉。

打蛋器主要用来完成全蛋、蛋白、淡奶油等的打发。

例

Kitchen Aid+ 搅拌桨★

S 4

T 1分30秒

B 开始变白变蓬松，提起搅拌桨时在前端可见圆滑的小犄角

G 比重

上述英文字母和数字的详情如下。

★机器和打发配件的种类。

S ＝机械速度

- Kitchen Aid的速度刻度为数字0～10。

- 大概的速度。如果使用Kitchen Aid以外的台式搅拌机，可参考以下设定。

- 1～2 低速，3～6 中速，7～9 高速，10 最高速。

T ＝推荐搅拌时间

- 进入下个环节前的累计搅拌时间。根据需要，可在中途停止搅拌以便确认状态，同时清理搅拌机内搅拌桨和打蛋器。

- 所述时间均为配合食谱中所述的分量而设定。如果增减分量，需要酌情调整速度和时间。

B ＝理想的面团状态

- 搅拌机中的面糊状态（蓬松、黏稠、干爽、均匀等）。有时也用来表示面糊的体积（搅拌机内的高度）。可根据状态酌情调整搅拌时间。

G ＝比重

- 用于衡量面糊和奶油在空气中的密度。测量方法详见下页。

使用机械搅拌的要点

- 机械个体存在差异，请根据理想的状态酌情调整数值。

- 提前测量好搅拌机（腔体）的重量，并标注在搅拌机上，便于之后称量面团时进行参考（A）。

- 开始时的材料温度非常重要。黄油、鸡蛋、面粉等都要通过非接触式的红外线温度计测量温度（B）。

- 为消除搅拌不均匀，减少混合后的残留量，要在搅拌过程中和加入材料之前，用刮板适当清理搅拌机内壁。使用长度可以接触到底部的长柄硅胶刮刀。让硅胶刮刀紧贴内壁，从上到下刮一周。清理以后，务必搅拌5～10秒，让面团质地恢复均匀。习惯在搅拌机边缘的同一位置刮干净硅胶刮刀，尽量保持边缘清洁（C）。

测量比重

- 把面糊和奶油分别装入容量为100mL的容器中，然后称量。这个方法可以直观地衡量面糊的密度、气泡含量等，以此确定搅拌的状态是否正确。在熟能生巧之前，都可以通过这个方法来确认。

- 把100mL的容器（本书使用铝箔杯）放在电子秤上，减掉容器重量（去皮）。取小块面糊放入容器中，轻轻磕打，排出空气，称重前用硅胶刮刀等刮掉容器外多余的面团。请注意不要按压面糊。

手工搅拌的方法和面糊制作

本书食谱中相当重要的一个部分，就是靠"手工技巧"用硅胶刮刀或刮板来搅拌面粉和生面糊。虽然对搅拌方法有要求，但有些细腻的味道是无法通过机械搅拌来充分体现的。按照不同面团的特点和目的来区分，一共有四种搅拌方法。

曲奇面团，可以利用机械把面粉混合在一起，之后可以区分为3种面团。

搅拌××的面团★

N 100次

B 顺滑有光泽，不会流淌开的蓬松面糊

G 75～80g

上述内容如下。

★搅拌××的面糊的方法详见p.22。

N ＝推荐搅拌次数

- 达到理想状态的面糊，如果速度和压力相同，就不需要改变次数。Oven Mitten以搅拌次数作为参考，以便消除每位员工操作时产生的误差。

B ＝理想的面糊状态

- 如果与记载不符，可以重新调整搅拌方法和法式面糊的款式。

G ＝比重

- 把搅拌了一半的面糊或奶油装入100mL的量杯中，然后称量。确认面糊中的气泡含量（面糊的密度）。详细方法见p.19。

手工搅拌时的要点

- 容器放在发力侧手臂的肩膀正前方（不是身体的正前方），站在距离容器中心30～35cm的位置。搅拌的时候，另一只手从侧面支撑容器（A）。按照这个姿势，最便于在容器内从3点至9点进行直线搅拌，同时容易控制硅胶刮刀的动作。拿着硅胶刮刀尽量不要离开容器边缘，这样可以提高搅拌效率（B）。

- 使用Kitchen Aid附带的容器时，建议使用大号硅胶刮刀。Oven Mitten从贴合性、流畅度、坚韧度来考虑，使用的是30cm长的原创硅胶刮刀（C）。

- 关于硅胶刮刀的弧度，有这样一个亘古不变的规则，那就是要使弧线侧时刻贴紧容器的内侧（侧面或盆底）。不是轻轻触摸，而是施加压力来搅拌出质地均匀的面糊。为了实际感受这种压力，可以将硅胶刮刀抵在电子秤上，然后从右到左移动，感受300g是怎样的力度（D）。

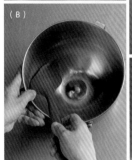

- 如果成品面糊的比重过轻，需要继续搅拌直到出现合适的气泡量（E）。

- 如果用机械搅拌后再进行手工搅拌，原则上可以继续使用Kitchen Aid的容器。如果要增加分量，或者添加另外打发的蛋白霜时，可以更换到更大的容器里。

烘焙

- 本书所述烤箱，为米勒公司（德国）出品的电烤箱。另外还使用了其他小型烤箱，时间和温度均需要单独调整。

- 预热温度要比烘焙温度高20℃，放入面团后把温度降低20℃。

- 图中的烤箱，可同时容纳长14cm的磅蛋糕模具16个，或直径17cm的戚风蛋糕模具6个，或直径15cm的圆型模具8个，或直径16cm的挞模具12个。

使用全蛋，适合黄油的搅拌方法
— 用硅胶刮刀搅拌面糊 —

食指第一关节前端靠在硅胶刮刀的侧面，像按压硅胶刮刀一样移动。

▶ 观看视频
搅拌磅蛋糕面糊

磅蛋糕的面糊是从打发黄油开始的，然后还需要向面糊中混合面粉。Oven Mitten的磅蛋糕中，黄油和鸡蛋里都裹着大量的气泡，因此需要分多次添加面粉，以便充分跟气泡融合。让硅胶刮刀或刮板在移动的时候，保持与面糊垂直的方向，以便提高搅拌效率。面糊容易变黏，请严格遵守以下搅拌方法。

硅胶刮刀从3点钟的位置探入，立起沿着盆的直径，过了中心以后硅胶刮刀向右侧倒下（面朝上），让硅胶刮刀紧贴容器侧面，最大限度地把面糊提到9点钟的位置。马上把盛着面糊的硅胶刮刀移动到容器的中心，盛着面糊的硅胶刮刀一面朝下，带着面糊一起扣进容器中。与此同时，左手把容器向逆时针旋转60°。手中的硅胶刮刀再次回到3点钟的位置。把握好节奏，按照一定的速度反复操作。

步骤图中使用了Kitchen Aid的附带容器，为便于理解，步骤图中仅搅拌了打发的黄油。

▶ 观看视频

搅拌全蛋海绵蛋糕面糊

这是一种使用全蛋和面粉混合的方法，适用于切块蛋糕，也可用于制作蛋糕卷的后半段工序。这是一种不会出现多余筋性的搅拌方法，就算加入糖浆也不会塌陷，质地均匀可以实现入口即化的美妙口感。

硅胶刮刀的边缘紧紧贴合着容器进行搅拌。从3点钟的位置开始，穿过中心，移动至9点钟的位置。硅胶刮刀向右侧倒过去，向斜上方推到10点钟的位置，同时左手把容器转动60°（硅胶刮刀与容器摩擦的距离变得更长）。将硅胶刮刀从面糊中提起来以后，不要提起太高，然后返回右侧，斜着60°落回面糊中，再重复从3点钟位置开始搅拌的操作。为了让更多的面糊沿着硅胶刮刀移动，可以提高搅拌速度形成对流。注意搅拌面粉的时候不要给面糊造成伤害。

▶ 观看视频

搅拌蛋糕卷面糊

适用于制作蛋糕卷和黄油全蛋海绵蛋糕的前半段工序的搅拌方法。面糊中面粉的含量较少，所以难以搅拌，容易留下结块。这种搅拌方法可以有效预防面粉结块。首先，搅拌的时候要提高速度，一边让面粉散开到面糊里，一边进行搅拌。等到面糊中看不到干粉以后，可以恢复如上全蛋海绵蛋糕面糊的搅拌方法，打造面糊的细腻度。

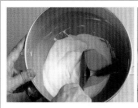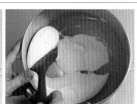

硅胶刮刀从3点钟位置探入，穿过中心，最大限度地把面糊提到9点钟的位置。硅胶刮刀不要回到原始位置，向右移动，自然而然地返回到3点钟位置。此时左手把容器转动60°。搅拌速度比全蛋海绵蛋糕面糊的搅拌速度更快，面粉能更好地融入面糊中。快速重复。

蛋白霜和慕斯等发泡的搅拌方法
— 用硅胶刮刀边缘切入式搅拌以形成对流 —

硅胶刮刀的边缘斜着切入面糊中，用食指尖抵住手柄侧面，硅胶刮刀的平面朝斜上方。

▶ 观看视频

搅拌戚风蛋糕面糊

把蛋黄面糊和蛋白霜混合在一起时，需要用到这个手法。成形的蛋白霜不太容易跟面糊融合在一起，所以需要倾斜硅胶刮刀的边缘，用刮刀边缘切入式搅拌以形成对流。

硅胶刮刀边缘从3点钟的位置，沿斜向直线切入面糊，接触到9点钟的位置（深度为距离盆底1/3左右）为止。此时，左手用力支撑容器。硅胶刮刀接触到容器侧壁以后，向上提起5cm左右。用左手逆时针转动容器，硅胶刮刀顺势向右移动，同样进行搅拌。提高搅拌速度，创造对流（图片是从斜向右侧进行拍摄的）。

技巧 II 3 种整理面团的方法

▶ 观看视频

Oven Mitten 风格的面团

制作曲奇面团的时候，黄油里裹入了纤细的气泡以后才能跟面粉混合。随后利用刮板排掉面团里的空气的整理面团的方法，使面团组织均匀。这样制作出的口感上佳，松软干爽，还可用来制作无须打发的面团。

▶ 观看视频

用手揉搓的面团

与左侧的Oven Mitten风格的法式面团相比，需要施加更大的力量，以便调整面团的状态。这样操作后的口感更加细腻，使用均匀的力道，在手掌上调整面团的质地并塑形。

▶ 观看视频

裱花的面团

Oven Mitten制作裱花曲奇的时候，先是最大限度地打发出黄油霜，然后混合面粉。缩小裱花口的尺寸，在挤面团的阶段就呈现出手工法式面团的效果。烘焙之前控制了面团的厚度，所以提高了酥脆的口感和奶油的风味。

双手指尖平行放在刮板的直线侧，保持双手力度一致。拇指从下方支撑。面团应比刮板略短。

从靠近身体侧的1.5～2cm的位置插入刮板，在操作台面上碾压出3～4mm厚的面皮，快速向身体侧滑动8cm左右，反复操作。最后，不要在左右两侧留下残存的法式面团。

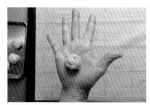

五指张开，摊开掌心，把面团放在掌心。另一只手盖在上面，用力把面团按压成3～4mm的面皮。双手手掌合并，用力按压面团，左右碾压7～10次。用力碾压以后，稍微打开一些手掌之间的距离，把面团揉成球形，塑形。这种技巧可以做出表面有光泽的面团。

把星星形的裱花嘴抵在操作台上，缩小开口尺寸。用这样的裱花口操作时，能对法式面团施加适度的压力，体现法式面团的效果。挤面团的时候，尽可能靠近烤盘并快速挤压。

补充 使用大号容器的搅拌方法

用机械搅拌面团后，如果发现附带的容器容量不够，或者需要追加食谱分量的时候，就得把材料转移到另外一个更大的容器中，然后再与其他面粉、面团或蛋白霜混合。这种情况下，可以把硅胶刮刀换成刮板来操作，参考p.22的内容，选择适合面团的搅拌方法。右图是向磅蛋糕的面糊中追加分量的照片，按照磅蛋糕混合方式从容器底部开始细致地搅拌面糊（p.22）。按照理想的面糊状态来调整搅拌的次数。

常年使用的刮板。弯曲度适宜，正好可以贴合容器内壁。

食谱的增减

● 利用计算器上"定数计算"的便捷功能

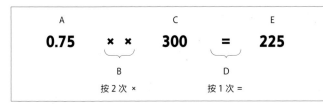

	A		C		E
	0.75	× ×	300	=	225
		B		D	
		按2次 ×		按1次 =	

300g（C）的75%（A）等于225g（E）。输入A~D以后连续按2次 ×，可以将0.75设定为定数（A）。从第2次开始，只要输入C、D，就能完成连续计算。这样利用固定的系数，能很方便地计算出食谱的增减量。

* 这是使用普通计算器的方法，如果有智能手机，就能把"最后输入的数字"固定成定数，最初更换A和C来进行计算，之后同样输入C和D即可。

参考：使用Kitchen Aid时的备料参考

	附带容器的最大容量	36cm的容器的最大容量
全蛋海绵蛋糕	300g （5号3个）	300～460g （4号5个）
磅蛋糕	260g （14cm磅蛋糕模具4个）	260～520g （14cm磅蛋糕模具6～8个）
蛋白霜（戚风）	320g	—
脆饼类	450g	—
淡奶油	1.5L	—

冷冻保存

● 适合冷冻保存的品类。

为提高作业效率，降低材料损耗，我们可以灵活地使用冰柜来保存味道不会发生变化的面团、黄油等食材。用保鲜膜包好的面团，可以在-10℃的冰柜中保存3周的时间。经过初步烘焙的品类中，全蛋海绵蛋糕坯、泡芙皮、巧克力蛋糕、芝士蛋糕（部分）都可以冷冻保存。烘焙前冷冻的品类包括入模的挞皮、罐装的杏仁奶油挞、冰盒曲奇、未经烘焙的曲奇等。另外，卡仕达酱（在与淡奶油混合前）、栗子奶油，以及金橘酱等糖浆和果酱类，均可冷冻保存。

● 不适合冷冻保存的品类。

磅蛋糕、费南雪、戚风蛋糕等品类经冷冻后会失去原有的味道、口感和香气，所以不适合冷冻保存。

- 1大勺，为15mL；1小勺，为5ml。
- 鸡蛋均使用中号，不使用蛋液等鸡蛋加工产品。
- 使用不含盐黄油（包括发酵和非发酵）。
- 使用乳脂肪含量为47%的淡奶油。
- 使用不含任何添加物的纯糖粉。因为容易结块，所以使用前务必过筛。
- 低筋面粉、可可粉、坚果粉等粉类均要在使用前过筛。颗粒特别细腻的种类需要在马上使用的时候再次过筛。
- 香草籽需要从豆荚中取出后使用，剩余的豆荚可以用来制作糖浆。
- 黄油和奶油奶酪切成1.5cm厚，用保鲜膜包好后调整到合适的温度。防止温度不均衡，预防干燥。
- 调温巧克力可以保持原状，如果结块，则可在使用前切碎。
- 尽量使用表面未裹蜡的柠檬。只要削掉表面薄薄的一层皮即可使用。
- 如未有特殊说明，则坚果需要在160℃的烤箱中烘焙12～15分钟，然后切成7～8mm的小块使用。
- 杏仁粉使用美国加州出品的卡梅尔（Carmel）品种。坚果粉选用没有混合物的新鲜产品。
- 保质期从生产日开始计数。
- 使用材料和工具详见p.128，补充食谱详见p.126。
- 本书中记录的食谱，以使用台式搅拌机（Kitchen Aid）为前提。标注了利用附带配件进行搅拌时的最大量。对于不使用搅拌机的食谱，可参考该分量在同等条件下制作。
- 在使用Kitchen Aid的途中需要"清理"的时候，要暂停机械运转，然后用硅胶刮刀把粘在侧壁和配件上的面团或黄油刮下来，聚拢到中间。
- Kitchen Aid的速度和搅拌时间以及烤箱的温度和烘焙时间均为参考数值。请根据实际的机种和机器的特征进行调整。在增减食材分量的时候也一样。

为小批量烘焙
编写的食谱

Pound Cake

磅蛋糕

【双层巧克力磅蛋糕】面团里的调
温巧克力和巧克力碎都含有大量的
可可成分，味道略苦。推荐与香草
面团搭配，让味道相互衬托。

【香草磅蛋糕】人气招牌，最基本的款式，看起来平平无奇，但能完全凸显出入口即化和细腻柔嫩的特点。

【焦糖坚果磅蛋糕】蛋糕散发着焦糖特有的苦味儿，香草配方中夹杂着坚果的浓香。

【调香大理石磅蛋糕】香草和黄油混合而成的调香型蛋糕。略显不均匀的质地，恰好带来一口接一口的惊喜。

【金橘磅蛋糕】用大地的恩惠——金橘和细砂糖熬煮出金橘果泥，配以枇杷果果粒，与发酵黄油的温和气质非常搭配。

这款磅蛋糕的特点是其细腻的口感。在基本的香草磅蛋糕配方中，黄油、砂糖、鸡蛋和面粉的重量基本相同，但同行们在听到这样的比例时，总是惊叹于"如此轻盈的口感可真让人想不到4种食材的重量一样""这可不像那些黄油海绵蛋糕一样既黏稠又厚重"。当然，配料表中并没有用转化糖、糖浆和牛奶来充当水分。想要让面团入口即化，重点在于打发黄油、砂糖和鸡蛋的时候，要让空气充分混合在里面。另外，为了让形成的气泡相互连接，手法要合适，次数要超过100次，搅拌只能用手而不能用机械。这种防止黏稠的搅拌方法，能真正体现出专业人士的技术。我认为，这就是花费时间和精力进行小批量烘焙的优势所在。

磅蛋糕的重点

重点 1

温度管理最为重要，
黄油在22℃的时候打发

对于磅蛋糕来说，温度管理格外重要。黄油要在达到22℃这种柔软的状态后方可开始打发，同时打发的过程中也要频繁测量温度。夏季炎热，黄油的温度极易升高。理想的状态下，首次加入的鸡蛋应保持在17℃，最后（第4次）加的鸡蛋要更凉一些，然后在搅拌完成时保持18℃的面团温度。如此一来，黄油不易熔化，面团不易塌陷。面粉也应在冷却到18℃后使用。相反，冬季应让砂糖和鸡蛋保持在22～26℃，面粉保持在22℃左右，成品面团达到21℃最为理想。

重点 2

黄油充分打发

黄油和砂糖放入机械中，中速搅拌5分钟，每次加入鸡蛋后搅拌3～3.5分钟，累计搅拌时间为17～20分钟，这样能让空气充分地包裹在黄油里面。最终完成时，体积会膨胀一倍。这个步骤有助于产生蓬松而爽口的口感。

重点 3

频繁整理容器内壁上的
食材，让鸡蛋混合均匀

打发的鸡蛋和黄油很难混合到一起，所以需要频繁整理容器内壁，消除结块的现象。加入鸡蛋后，轻轻搅拌，让机械暂停，清理好内壁后重新开始。分4次加入鸡蛋的时候，清理内壁的操作方法都一样，快速搅拌均匀。

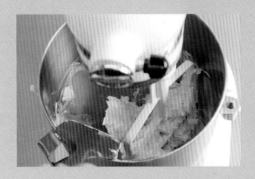

用硅胶刮刀搅拌90~110次来混和面粉

一般的操作方法是使用机械混合面粉。但这样一来，好不容易形成的气泡就会被打散，难以形成蓬松的口感。在混合面粉的阶段，可以把盛着打发食材的容器从机械里取出来，换成硅胶刮刀手动搅拌。搅拌磅蛋糕面糊（p.22）时，将要面对黄油和面粉数量较多、搅拌面糊时反作用力比较大的问题。把容器放在自己的右肩前方，左手每次把容器向身体侧转动60°，硅胶刮刀从3点钟的位置向9点钟的位置穿过容器中心大幅度搅拌。

重点 5

使用短小的模具

独家开发的专用磅蛋糕模具为宽8cm、长14cm、高6cm的尺寸。与一般的磅蛋糕模具相比，这款模具更加短小，香草蛋糕的烘焙时间可以缩短到33分钟。如果长度超过20cm，烘焙时间就不得不延长到45分钟以上，表面和侧面的烘焙色会加深，口感会变硬。从这个角度考虑，使用这款小模具烘焙出的蛋糕，仍然可以保持良好的柔软度和含水量，口感蓬松。另外，虽然尺寸短小，但略宽的蛋糕的口感还是要好一些的。

重点 6

充分涂抹糖浆

出炉后，每一个蛋糕都要涂上18g的糖浆。保留周围的烘焙用纸，糖浆从上方厚涂。糖浆能起到防止干燥、保持蛋糕体湿润的作用，所以这个步骤可万万不能省略。糖浆中不含酒精，推荐使用香草风味的糖浆。几个小时以后，糖浆会渗透到整个蛋糕里，表面不会出现黏糊糊、甜腻腻的状态。

重点 7

进阶

基本款香草面糊在经过烘焙后，完全可以通过再加工来实现多种口味，可用的食材非常广泛，但不推荐使用新鲜水果和果泥等容易出水的食材。

蛋糕类型	再加工所用的食材等	糖浆混合风味
双层巧克力	甘那许（Ganache）+巧克力碎	可可粉
金橘	糖煮金橘+白芝麻	—
调香大理石	原创混合香料	原创混合香料
焦糖坚果	焦糖酱+坚果	焦糖酱
抹茶	抹茶	抹茶
柳橙	柳橙果皮、柳橙果肉	橙汁
焙茶或伯爵红茶	茶叶（碾碎）	茶叶（粉状）

重点 8

告知保质期

磅蛋糕的生命在于新鲜度。因为含有大量空气，氧化反应会从蛋糕内部开始发生，保质期不会很长。冷藏保存，销售时应提醒顾客一周内食用完毕。

双层巧克力磅蛋糕/香草磅蛋糕

* 便于Kitchen Aid操作的分量（原创磅蛋糕模具4个）。

* 基本面糊进行前段操作时，向2个面团中加入甘那许和巧克力碎，制作2个双层巧克力磅蛋糕和2个香草磅蛋糕。

* 如果制作4个双层巧克力磅蛋糕，则甘那许、巧克力碎和糖浆的分量需要翻倍（加入甘那许后，面团会有紧缩反应，不会从模具溢出。如果全部制作香草磅蛋糕，则不需要准备巧克力）。

* 最少量为分量的一半（磅蛋糕模具2个）。如果需要制作5个以上，材料打发之前都可以利用机械完成，从混合面粉开始转移到更大的容器中进行即可（p.26）。

材料

（8cm×14cm×6cm的磅蛋糕模具：双层巧克力磅蛋糕2个、香草磅蛋糕2个）

基本香草面糊
发酵黄油…260g
细砂糖…260g
香草豆荚…2~3cm（1/5根）
鸡蛋…220g
┌低筋面粉（紫罗兰）…260g
└泡打粉…2.6g

甘那许
┌法芙娜品牌圭那亚巧克力（可可脂含量70%）…53g
│法国品牌PECQ巧克力（可可脂含量70%）…17g
└淡奶油…30g
巧克力碎（法国品牌PECQ）…50g

糖浆
┌细砂糖…20g
│香草豆荚…6cm
└水…100g

双层巧克力（上述分量的一半）
可可粉…2g

准备

• 黄油温度保持在22℃。

• 鸡蛋首次加入时的温度，夏季为17℃，冬季为22~26℃。

• 低筋面粉和泡打粉混合在一起，夏季冷却，冬季保温。

• 把制作糖浆的材料混合在一起，在容器中小火煮至72g，让香草的香气散发出来。36g用于香草磅蛋糕的制作，另外36g与2g的可可粉混合在一起用于双层巧克力磅蛋糕的制作。

• 把烘焙用纸铺在模具中。

烤箱

预热200℃，使用时调整至180℃。

步骤

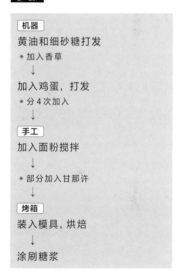

┌─────────────────────┐
│ 机器 │
│ 黄油和细砂糖打发 │
│ ＊加入香草 │
│ ↓ │
│ 加入鸡蛋，打发 │
│ ＊分4次加入 │
│ ↓ │
│ 手工 │
│ 加入面粉搅拌 │
│ │
│ ＊部分加入甘那许 │
│ ↓ │
│ 烤箱 │
│ 装入模具，烘焙 │
│ ↓ │
│ 涂刷糖浆 │
└─────────────────────┘

推荐品尝时间和保质期

• 推荐品尝时间为2~6天。

• 保质期：香草口味10天，再加工款12天。

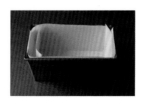

1 制作甘那许。将切碎的调温巧克力放入锅中，隔水加热，沸腾后加入淡奶油，用打蛋器搅拌至顺滑。

2 制作基本香草面团。把发酵黄油、细砂糖、香草豆荚放入Kitchen Aid的容器中搅拌（a）。完成后整理容器内壁。

Kitchen Aid+搅拌浆

Ⓢ 4

Ⓣ 5分钟

Ⓑ 泡沫发白蓬松，提起时前端有柔软的小犄角

3 分4次加入鸡蛋，每次分别搅拌3分钟。加入鸡蛋后搅拌20～30秒以后，要清理容器内壁，然后继续认真搅拌。每次加入鸡蛋后都要按照相同的方法来操作，稍微搅拌后就要清理内壁，确保均匀搅拌（b）。

* 面糊的温度要始终保持在21℃左右。完成搅拌时温度应调整至18℃，夏季制作时，最后加入的鸡蛋应在加入前冷却，防止与黄油分离。

* 寒冷时可用电吹风机给容器加温。

Kitchen Aid+搅拌浆

Ⓢ 2

Ⓣ 各3分钟×4=合计12分钟

Ⓑ 体积翻倍，面糊的边缘开始稍微脱离容器为止（c）

Ⓖ 55～60g

4 从机械上取下容器，清理侧壁。加入面粉（d），用硅胶刮刀混合磅蛋糕面团（e）。

搅拌磅蛋糕面糊（p.22）

Ⓝ 95～100次

Ⓑ 直至出现顺滑蓬松的面糊

Ⓖ 74～80g

5 将面糊装入模具中。香草磅蛋糕每个装入240g，双层巧克力磅蛋糕（下层）每个装入110g。轻轻在操作台上磕打香草磅蛋糕的模具，让面团填满每个角落，让面糊的中心较低，两端较高。

* 面糊不是倒入模具的，用刮板把面糊装进模具里。

6 把1的甘那许调整至24℃以上的稀释状态，加入剩余的面糊（约260g）中。搅拌均匀，加入巧克力碎继续搅拌（f）。

搅拌磅蛋糕面糊（p.22）

Ⓝ 加入甘那许后20～25次，加入巧克力碎后3次

Ⓑ 直至甘那许均匀，直至巧克力碎全部散开

7 把5的双层巧克力分成178g的两份，分别放在6的面糊上，表面同样要整理好（g）。

8 香草磅蛋糕在180℃的烤箱中烘焙33分钟，双层巧克力磅蛋糕烘焙37分钟。膨胀裂开的部位同样要出现淡淡的烘焙色。

9 从烤箱中取出，轻轻扣在操作台上，然后马上脱模，防止收缩。带着烘焙用纸，趁热涂刷糖浆（h）。静置冷却。

10 用OPP包装纸包装好，冷藏保存。

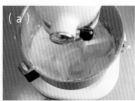
(a)

(b)

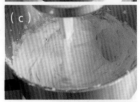
(c)

(d)

(e)

(g)

(h)

焦糖核桃
磅蛋糕

材料（磅蛋糕模具2个）

基本香草面糊（p.35）…480g（1/2量）
焦糖酱（p.126）…50g
核桃（烘烤过）…40g
煮好的基本糖浆…36g

糖浆

┌ 细砂糖…10g
└ 水…30g
焦糖酱…约1/2小勺

1　制作焦糖味的糖浆。水和细砂糖放入小锅内加热，加入焦糖酱使其溶解。

2　把烘焙好的220g核桃（分量外）加入基本面糊中，用磅蛋糕面糊的搅拌方法搅拌3次。

3　把焦糖酱加入剩余的260g面糊中，用磅蛋糕面糊的搅拌方法搅拌15～20次，使其呈现出均匀的焦糖色。

4　与双层巧克力磅蛋糕相同（上页），制作双层面糊。每个模具中装入**2**的坚果面糊130g，上面装入**3**的焦糖面糊155g。整理面团形状，靠近模具两端的位置略高。

5　放入180℃的烤箱中烘焙35分钟，每个蛋糕表面涂刷**1**的糖浆18g。

调香大理石
磅蛋糕

材料（磅蛋糕模具2个）

基本香草面糊（p.35）…480g（1/2量）
混合香料（p.126）…12～15g

糖浆
基本糖浆（p.126）…36g
混合香料…约1/3小勺

1　混合香料加入基本面糊中，用磅蛋糕搅拌方式搅拌7～10次，整理出大理石花纹。

2　每个模具中装入240g面糊，按照基本的制作方法整理面糊状态。

3　放入180℃的烤箱中烘焙35分钟，涂刷混合了香料的糖浆。

金橘
磅蛋糕

材料（磅蛋糕模具2个）

基本香草面糊（p.35）…480g（1/2量）
糖煮金橘（p.126）…80g
白芝麻…10g

1　糖煮金橘从中间切开后，每一半都再切成一半。

2　白芝麻用锅略微翻炒（批量集中翻炒）。

3　把**1**的金橘加入基本香草面糊中，用磅蛋糕面糊的搅拌方法搅拌10～15次。

4　每个模具中装入280g面糊，按照基本的制作方法整理面糊状态，表面撒满的白芝麻。

5　放入180℃的烤箱中烘焙35分钟。

【水果磅蛋糕】利用基本香草面糊制作的水果蛋糕。加入大量的水果干和坚果，除西梅以外其他未经洋酒浸渍。蛋糕中有很多杏、蔓越莓、橙子等浓香型水果干，糖浆里添加了利口酒，用以烘托水果的甘甜。从第2周开始，味道沉淀完成，与蛋糕结合成为一个整体。

磅蛋糕的进阶
水果磅蛋糕

* 制作基本香草面糊（p.35）（磅蛋糕模具2个）。

* 加入水果干和坚果，因此需要减少面糊的分量。对于这些较大的水果
干，黄油最多可以添加到230%。

材料

（容量400~500mL的咕咕霍夫模具2个，或p.35
的磅蛋糕模具2个）

基本香草面糊（p.35）…450g

⌜ 朗姆酒浸渍的葡萄干（如下）…80g

 西梅红茶煮（p.127）…25g

 *如果西梅是软的，则可以直接使用。

 糖煮杏（p.127）…25g

 蔓越莓干…25g

 橙皮（市面销售）…40g

⌞ 核桃…40g

糖浆

⌜ 细砂糖…20g

 水…30g

⌞ 利口酒…40mL

准备

• 葡萄干提前2周用朗姆酒浸渍。

• 水果干类全部切成7~8mm的小块。橙皮
需要过水后再切。

• 细砂糖和水熬煮成糖浆后冷却，然后加
入利口酒。

• 咕咕霍夫模具内侧需要涂抹黄油，撒上
低筋面粉（均为分量外）。如果使用磅
蛋糕模具，可以提前铺好烘焙用纸。

烤箱

预热200℃，烘焙时调整至180℃。

推荐品尝时间和保质期

• 推荐品尝时间为2周。

• 保质期为30天。

1 切好的水果干和坚果放入基本香草面
糊中，用磅蛋糕面糊的搅拌方法搅拌
15~20次，搅拌均匀（a）。

2 每个模具中装入一半的面糊。咕咕霍夫模
具中央烟囱周围的面糊略低，外沿略高
（b）。放入180℃烤箱中烘焙35~40分
钟，直到表面出现烘焙色。

* 咕咕霍夫模具要烘焙至面糊开始从模具内侧边缘
脱离为止。

3 马上脱模，趁热在表面涂刷糖浆（c）。

全蛋磅蛋糕

磅蛋糕使用全蛋打发，这一点与海绵蛋糕一致。配方与基本香草面团
（p.35）一致。特点是加入熔化黄油，最后才会加入面粉，因此可以
减少搅拌的次数，让质地更加蓬松。

周末磅蛋糕

柠檬磅蛋糕

用酸奶油替代了一部分黄油。酸奶油
的酸味最适合用来衬托柠檬的香气，
同时比仅用黄油的口感更加丰富。

蔗糖田园磅蛋糕

这是一款风味醇厚的磅蛋糕。制作方法
与周末磅蛋糕相同，但因使用全蛋，所
以不易打发。搅拌时容易出现黏稠感，
需要在制作时略微提高鸡蛋的温度。

全蛋磅蛋糕的重点

重点 1

中高速打发鸡蛋

砂糖含量大于鸡蛋（约1.08倍），难以打发。所以搅拌时需要隔水加热至45℃后用机械搅拌。比海绵蛋糕的面糊搅拌时间长。打发效果与海绵蛋糕不同，感觉更加清爽。

重点 2

熔化的黄油需要完全搅拌均匀

打发后加入熔化的黄油，要马上用机械进行搅拌，然后换成硅胶刮刀继续搅拌。黄油容易残留在容器底部和侧壁上，需要随时检查。混合面粉时如果出现液体黄油，则不宜搅拌，否则会让面团质地不均匀。

重点 3

熔化黄油保持60℃以上

周末磅蛋糕在黄油和酸奶油熔化后、蔗糖田园磅蛋糕在黄油熔化后、加入鸡蛋前，一直保持60℃以上的温度。如果温度低，蛋液的温度就会下降，导致面糊变硬和面粉结块。这是决定成品是否质地蓬松的关键。

重点 4

搅拌厚重的面糊时，要在搅拌方法上下功夫

加入大量砂糖和熔化的黄油以后，面糊愈加厚重，面粉不易搅拌均匀。手动搅拌的时候需要多加留意。用硅胶刮刀的侧面接触面糊，可以高效搅拌出质地细腻、不黏稠的面糊。加入面粉以后，首先按照蛋糕卷面糊的搅拌方法来操作，看不见干粉以后换成全蛋海绵蛋糕面糊的搅拌方法（p.23），慢慢调整细腻程度。请务必留意不要慌乱操作。面糊变得顺滑以后，搅拌的步骤即可完成，不要一直搅拌到质地松散。

 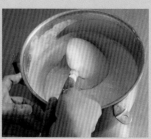

蛋糕卷面糊的搅拌　　　全蛋海绵蛋糕面糊的搅拌

周末磅蛋糕/柠檬磅蛋糕

* Kitchen Aid 容易制作的分量（原创磅蛋糕模具4个）。
* 制作同款面糊，在烘焙之前区分不同的模具和成品用的糖衣，把周末磅蛋糕改为柠檬磅蛋糕。
* 如果做4个周末磅蛋糕，准备的装饰果酱和糖衣都需要翻倍（柠檬磅蛋糕也一样）。
* 烘焙前的面糊较软，如果使用大块的水果干、坚果、巧克力等食材，则难免沉底，所以并不推荐使用。
* 最少量为分量的一半（磅蛋糕2个）。

材料

（8cm×14cm×6cm的磅蛋糕模具2个, 约66mL的柠檬磅蛋糕模具12个）

全蛋…240g
细砂糖…260g
⌈ 发酵黄油…180g
| 酸奶油…80g
⌊ 柠檬皮（削碎）…3~4个
低筋面粉（紫罗兰）…260g
糖浆
⌈ 水…120g
| 细砂糖…40g
⌊ 柠檬汁…60g

成品所需(周末磅蛋糕 2 个)
杏果酱（市面销售）…65g
糖衣
⌈ 柠檬汁…6g
| 水…6g
⌊ 糖粉…65g

成品所需(柠檬磅蛋糕模具12个)
糖衣
⌈ 柠檬汁…10g
⌊ 糖粉…65g
糖煮柠檬皮（如下）…适量

准备

• 制作糖煮柠檬皮，柠檬表皮细细削碎，用指尖捏起适量细砂糖，与柠檬皮碎混合在一起。
• 把烘焙用纸铺在磅蛋糕模具里。在柠檬磅蛋糕模具内侧涂抹熔化的黄油。

烤箱

周末磅蛋糕预热至200℃，烘焙时调整至180℃。
柠檬磅蛋糕预热至190℃，烘焙时调整至170℃。

*如果只有一台烤箱，可以用180℃烘焙柠檬磅蛋糕，但要相应缩短烘焙时间。

步骤

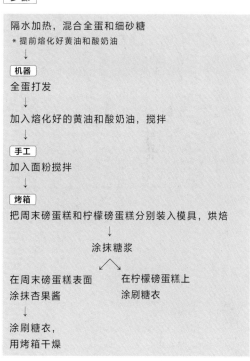

隔水加热，混合全蛋和细砂糖
＊提前熔化好黄油和酸奶油
↓
机器
全蛋打发
↓
加入熔化好的黄油和酸奶油，搅拌
↓
手工
加入面粉搅拌
↓
烤箱
把周末磅蛋糕和柠檬磅蛋糕分别装入模具，烘焙

涂抹糖浆

在周末磅蛋糕表面　　　在柠檬磅蛋糕上
涂抹杏果酱　　　　　　涂刷糖衣

涂刷糖衣，
用烤箱干燥

推荐品尝时间和保质期

• 涂刷糖衣后，品尝时间和保质期均在当日。如果未经涂刷，可冷藏保存4～5天。

1 黄油和酸奶油放入锅中，点火加热，即将沸腾时关火，加入柠檬皮。保证加入全蛋时温度在60℃以上。

2 把全蛋放入Kitchen Aid的容器中轻轻打散（a），加入细砂糖，用打蛋器搅拌。隔水加热至45℃，再次放到机械上搅拌（b）。开始打发的时候温度应在45℃。

Kitchen Aid＋打蛋器

Ⓢ 8~9

Ⓣ 6分钟

Ⓑ 提起打蛋器时泡沫会掉落，稍有痕迹后马上消失的程度

Ⓖ 30~35g

3 降低速度，整理面糊，增加气泡数量。

Kitchen Aid＋打蛋器

Ⓢ 1

Ⓣ 3分钟

Ⓑ 大泡消失，只剩下小泡

＊比重不变。

4 一边搅拌，一边少量多次加入 **1**（c）。从机械上取下容器，用硅胶刮刀确认容器底部有无残留的黄油块，然后整理。

Kitchen Aid＋打蛋器

Ⓢ 1

Ⓣ 1分钟

5 加入面粉，用硅胶刮刀搅拌（d）。

搅拌蛋糕卷面糊（p.23）

Ⓝ 40~45次

搅拌全蛋海绵蛋糕面糊

Ⓝ 40~45次

Ⓑ 整体均匀，出现光泽，呈现蓬松的流淌状态

＊途中需要清理容器侧壁。

Ⓖ 71~75g

＊比重如果变小（过轻），需要再搅拌5~10次来减少气泡数量。

6 将面糊分别倒入模具中。磅蛋糕模具每个240g，柠檬磅蛋糕模具每个40g（e，f）。

7 周末磅蛋糕在180℃的烤箱中烘焙33分钟，柠檬磅蛋糕在170℃的烤箱中烘焙24分钟。周末磅蛋糕完成时，裂开部位可见烘焙色。柠檬磅蛋糕完成时整体呈现烘焙色，面糊脱离模具。

8 从烤箱中取出，立即脱模。周末磅蛋糕和柠檬磅蛋糕都要趁热在表面涂刷糖浆，完全冷却。

9 【周末磅蛋糕的完成步骤】在 **8** 的表面涂刷热杏果酱，在室温环境中静置30分钟使其干燥。

10 制作糖衣。柠檬汁和水混合，加入2/3分量的糖粉，混合后加入剩余的糖粉，混合均匀。在 **9** 的上面和侧面，用面包刀涂满（g）。放入240℃的烤箱中烘焙2~3分钟，直到表面变透明为止。

11 【柠檬磅蛋糕的完成步骤】制作糖衣。柠檬汁和2/3的糖粉混合在一起，混合均匀后加入剩余的糖粉。用勺子背面厚涂在 **8** 的表面（h），但注意不要过于厚重。最后点缀糖煮柠檬皮。

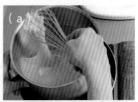

蔗糖田园磅蛋糕

* Kitchen Aid 容易制作的分量（直径12cm圆形模具4个）。
* 基本制作方法与周末磅蛋糕（p.43）相同，但需要更高的温度来隔水熔化蔗糖。
* 本款蛋糕不会变干，不需要涂刷糖浆。
* 最少量为分量的一半（圆形模具2个）。如果需要增量，在打发之前可以用机械操作，然后转移到大号容器里与面粉混合（p.26）。

材料

（直径12cm的圆形模具4个，或8cm×14cm×6cm的磅蛋糕模具4个）

全蛋…240g
┌ 蔗糖…200g
└ 细砂糖（细颗粒）…60g
发酵黄油…260g
┌ 低筋面粉（紫罗兰）…260g
└ 泡打粉…2.5g

准备

• 模具内铺好烘焙用纸（p.74）。
• 低筋面粉和泡打粉混合。

1　与制作周末磅蛋糕的方法（p.44）基本相同。把蔗糖和细砂糖混合在一起，加入全蛋。

2　把**1**放在48℃的水上隔水加热，用机械打发。开始出现泡沫的时候约为46℃。搅拌的速度和时间，以及调整质地的方法与上述相同（a）。

　　*比重为37~40g。

3　加入60℃以上熔化的黄油（b），用速度2搅拌20秒左右。用硅胶刮刀确认没有结块。

4　加入过筛面粉，用搅拌蛋糕卷的面糊的方法搅拌47次左右，看不见干粉以后转换为搅拌全蛋海绵蛋糕面糊的方法（p.23），继续搅拌40~45次，直至质地均匀（c）。途中清理侧壁的手法相同。

　　*比重为84~87g。

5　每个模具里装入240g面糊（d）。

6　放入180℃烤箱中烘焙约33分钟。

烤箱

预热200℃，烘焙时调整至180℃。

推荐品尝时间和保质期

• 推荐品尝时间为从次日起6天内。
• 保质期为10天。

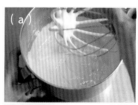

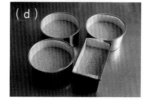

Cream Puff

奶油泡芙

奶油泡芙是Oven Mitten的招牌商品，虽然个头小，但每个吃进嘴里都是满满的柔和奶油香。这种独一无二的味道在熙熙攘攘的街道里吸引着无数的回头客。

Oven Mitten 奶油泡芙

最里侧是覆盖了奶酥的奶油泡芙。甘甜的
味道和松软的口感结合在一起，包裹住迷
人的可可奶油酱。从内侧起分别是可可、
黑芝麻、抹茶和花生奶油酱。

随时都是新鲜出品，Oven Mitten奶油泡芙可以让您品尝到最新鲜的奶油酱
味道。人气产品的秘密就在这份浓郁的卡仕达酱。摒弃掉一些由来已久的
制作常识，但又融入了独具匠心的手法和技巧。这份耗时20多分钟熬制出
来的卡仕达酱，柔软、含高脂肪但味道清爽。在卡仕达酱里，淡奶油的含量
高达70%。为了同时体现出鸡蛋和牛奶的风味，我们使用了精妙的混合技
巧——完全均匀地混合在一起，会让味道平淡无奇，因此特意进行了不均
匀的搅拌。

奶油泡芙的重点

重点 1

蛋黄和砂糖仅粗略混合

卡仕达酱温和的味道来自鸡蛋的蛋黄。根据长时间的经验，我感觉蛋黄打到发白以后味道反而会变淡。为了留下更浓厚的蛋黄色，加入砂糖后仅做短时间的粗略搅拌。

重点 2

一直要熬煮到出现"焦皮"为止

通常来讲，卡仕达酱要在沸腾1分钟以后再关火，但Oven Mitten的卡仕达酱不同。我们要花费更长时间进行熬煮，让鸡蛋的味道变得更加浓郁。但别忘了，熬煮的过程中也有相应的技巧。始终保持锅内冒小气泡的状态，让卡仕达酱粘在锅内壁上，增加与空气接触的面积，蒸发掉多余的水分。我们结合锅的形状，使用卡仕达酱专用硅胶刮刀，用硅胶刮刀按照一定节奏连续运动，不断地从锅底盛起酱料。大火从锅的外面加热，清理3次内壁以后可以关火。如果清理过度，反而没办法让酱料变黏稠。沸腾8～9分钟，锅底和内壁就开始出现焦皮，10分钟以后焦皮开始变浓，这很重要。酱料变黏稠后关火，可以加入发酵黄油增加香气的厚重感。

把锅内壁上的"焦皮"融入酱料中

黄油搅拌均匀以后，静置7~8分钟。其间焦皮部分（焦糊部分）会慢慢变软，很容易混合进酱料中。这些焦皮不黑也不苦，但确实能让卡仕达酱摇身一变成为类似"浓香新鲜焦糖"的东西。用硅胶刮刀把这些焦皮刮下来，融入卡仕达酱里。由此，酱料的味道绝对不会输给含量高达70%的淡奶油的味道。混合好焦皮以后，把酱料倒入托盘中，摊开，覆盖保鲜膜。下面放入冰水中，上面压上冷却剂速冷。这时的酱料非常有弹性，能有效抑制细菌的繁殖。

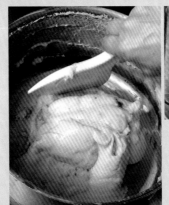

经由机械处理后，卡仕达酱变得更加柔软

速冷以后，卡仕达酱要放入Kitchen Aid中进行搅拌。利用机械前要确认酱料中有无结块，如果有，可以用指尖碾碎或剔除。中速搅拌6~7分钟，呈现出柔软的酱料状即可。不需要呈现流淌的状态。

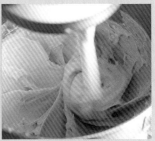

在淡奶油分离之前打发

中泽乳业出品的淡奶油中，脂肪含量为47%，打发之后非常坚挺，这也是决定味道的一个手段。与卡仕达酱搭配在一起的时候，需要凸显出淡奶油的存在感，所以绝不能允许淡奶油分离或变软。这款淡奶油就算充分打发，口感也非常良好。

不均匀的混合效果

卡仕达酱和打发淡奶油的比例是10∶7。均匀地混合在一起后，味道有些单调，所以要特意留下不均匀的状态，保留鸡蛋和牛奶各自的特点和口味。使用硅胶刮刀时，往往会造成过度搅拌，所以可换成更硬、有洞的竹板来搅拌。打发淡奶油容易塌陷，夹进泡芙时要尽快操作。

重点 7

泡芙皮使用普通的黄油即可

泡芙皮不适用发酵黄油，香气低调而有内涵，不太硬也不太软，散发着幽幽的奶油醇香。

重点 8

泡芙皮出炉后可以冷冻保存

每天要卖到100个以上的泡芙，也无须批量准备，可以每次灌装5~20个来销售。为了需要时有新鲜的泡芙皮，我们都在烘焙后进行冷冻保存。使用前放入烤箱加热2分钟，然后再把酱料灌装进酥软的泡芙皮里。当然，也可以直接冷冻保存面团。但是烘焙冷冻面团的时间比较长，而且不容易形成理想的膨胀效果。

重点 9

进阶

灌装酱料的时候，可以增加一些不同的风味。为了不影响酱料的口感，推荐使用粉末或果泥状的食材。把泡芙皮放在曲奇面团上烘焙，成品又大又圆，口感也相当不错。

酱料的进阶		
酱料100g	1小勺抹茶+1/2小勺糖粉	
	1.5小勺可可粉	
	12~15g花生酱	

*粉类过筛后使用，包括莓果类粉末和速溶咖啡粉。
*使用可可含量高、风味上佳的可可粉，例如法国品牌PECQ和法芙娜的产品。
*果泥类产品，可用杏仁酱、榛子酱、黑芝麻等代替。

Oven Mitten奶油泡芙

*卡仕达酱的分量为直径25cm的铜锅容易操作的分量（约60个）。

*泡芙皮为Kitchen Aid容易操作的分量（约60个）。

*最少量为各自分量的一半（约30个）。

材料

泡芙皮（约60个）

A 牛奶…150g
- 水…150g
- 黄油…120g
- 细砂糖…5g
- 盐…1g

低筋面粉（紫罗兰）…158g

全蛋…6个（约300g）

卡仕达酱（完成量约1.2kg/约60个）

牛奶…1260g

蛋黄…282g

细砂糖（细颗粒）…316g
- 低筋面粉（紫罗兰）…74g
- 玉米淀粉…39g

发酵黄油…66g

后续加工

奶油…800～840g

糖粉…适量

准备

泡芙皮

- 全蛋温度调整为20～22℃。
- 在烤盘里铺好烘焙用纸。

卡仕达酱

- 低筋面粉和玉米淀粉混合在一起。
- 发酵黄油切成2cm的小块。

推荐品尝时间和保质期

- 推荐品尝时间为刚刚灌装了奶油的时候，保质期为当天。
- 卡仕达酱（加入奶油前），冷藏1天，冷冻1周。
- 泡芙皮烘焙完成后，可冷冻保存1周。

烤箱

预热230℃，烘焙时温度为210℃→180℃→150℃。

步骤

泡芙皮面团

在锅内把牛奶、水、黄油、面粉等混合在一起

[机器]

把全蛋混合到搅拌好的面糊里

＊分4次加入

↓

[烤箱]

挤到烤盘上，烘焙

卡仕达酱

[手工]

用铜锅熬煮卡仕达酱

↓

加入发酵黄油

↓

在锅内静置，增加焦度

↓

速冷

[机器]

再次熬煮卡仕达酱

↓

打发淡奶油

↓

[手工]

把卡仕达酱和奶油混合在一起

↓

灌入泡芙皮中

↓

撒糖粉

[泡芙皮]

1 把**A**装入锅中，点火，沸腾且黄油熔化后关火。

2 加入低筋面粉，用打蛋器快速搅拌（a）。

3 面糊成团后换成木板，再次中火加热，一边按压锅底，一边搅拌着加热（b）。1分钟后，面糊开始粘在锅底时，转移到Kitchen Aid的容器中。

4 开始的时候轻轻搅拌，分4次加入打散的蛋液（c）。每次加入鸡蛋后搅拌30～40秒，不时清理容器内壁。观察状态，如有必要可加入鸡蛋来调整面糊的体积。

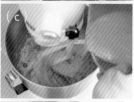

Kitchen Aid+搅拌桨

⑤ 2～3

Ⓣ （30～40秒）×4

Ⓑ 搅拌成均匀、无结块的光滑面糊。最后用搅拌桨提起面糊时，可以迅速掉落且留下三角形痕迹（d）。

5 装入带有圆形裱花口的裱花袋，裱花口前端距离烤盘1cm左右，挤出直径3.5cm的圆形小面团。用喷雾器在面团表面喷水雾（e）。

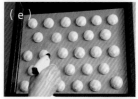

6 烘烤箱烘焙。210℃烘焙13～15分钟，降到180℃烘焙10分钟，再用150℃烘焙5分钟。上面出现裂纹、底部出现烘焙色后取出（f）。

* 高温烘焙期间，不要打开烤箱的门。

[卡仕达酱]

1 制作卡仕达酱。牛奶倒入专用的铜锅中，点火 加热，加入1/3～1/2的细砂糖搅拌。

2 把剩余的细砂糖和蛋黄加入容器中，用打蛋器 滑动搅拌。加入低筋面粉和玉米淀粉，混合均 匀。

3 **1**的牛奶沸腾20秒后关火。稍作停歇后倒入**2**的 容器中，用打蛋器轻轻搅拌，直到略显黏稠。

4 过筛后倒回**3**的锅里（a），中火加热至沸腾。 用专用硅胶刮刀接触锅底，不要碰触侧壁，反 复盛起酱料，让酱料呈现出光泽。

用铜锅制作（硅胶刮刀始终保持搅动状态）

🅟 中火偏大

🅣 5分钟前后

🅑 完全加热，降低反弹力，让酱料呈现出光泽

5 中央部分沸腾片刻，质地开始变得柔滑以 后，一边前后搅拌，一边继续加热6分钟左右 （b）。始终保持硅胶刮刀搅动，让整体的质地 更柔滑。

用铜锅制作（硅胶刮刀始终保持搅动状态）

🅟 中火偏大

🅣 6分钟前后

🅑 锅的内壁上略微出现焦皮，从侧面开始液体状的卡 仕达酱渐渐剥离、滑落

6 把火关小，让酱料粘在锅的内壁上，继续加热。

用铜锅制作（硅胶刮刀始终保持搅动状态）

🅟 中火偏小（关掉外圈火苗）

🅣 4分钟前后

🅑 黏稠度增强，酱料从锅内侧壁上剥离的速度变慢， 锅底也出现部分焦糖状成分

7 关火，加入黄油继续搅拌。静置，等待锅内的 焦皮更容易剥离。

在锅内静置（关火）

🅣 7～8分钟

🅑 强化"焦皮"

8 用硅胶刮刀慢慢刮下焦皮，搅拌均匀。倒入 托盘里，摊平，从上面包裹保鲜膜后排掉空 气（c）。把托盘放在冰水上，上面压上冰袋 （d）。

9 静置30分钟左右，冷却后包住保鲜膜放入冰箱 冷藏室。

[酱料的最后步骤]

1 从托盘中把冷却凝固后的卡仕达酱剥离下来（a），去掉硬膜，把约一半（600g）放入Kitchen Aid的容器中（每次最多可搅拌的分量为650g）。搅拌至顺滑（b）。

Kitchen Aid+搅拌桨

S 2

T 6~7分钟

B 没有反作用力，变得黏稠且柔软

2 在另外的容器中放入400g的淡奶油（分量的一半），打发至坚挺的泡沫（c）。

Kitchen Aid+打蛋器

S 8

T 约1分30秒

B 并非整体顺滑，状态显得略有干燥感

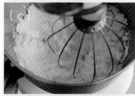

3 取1/4的淡奶油，加入**1**的卡仕达酱容器中，用刮刀边缘切入式搅拌（d），整体均匀后加入剩余的淡奶油，大致搅拌。搅拌后仍需留有不均匀的部分，可见到白色线条（e）。

＊淡奶油不需要完全搅拌均匀，避免过度混合。

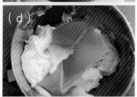

[灌装奶油]

4 在距离泡芙皮（p.52）底部2~2.5cm的位置切口（f）。**3**的奶油装入没有裱花口的裱花袋中，快速把38~40g的酱料灌入泡芙皮中间（g）。

＊温热的手掌很容易让奶油化掉，尽量缩短接触裱花袋的时间。

5 从泡芙皮的上面倾斜着撒上糖粉（h）。

54

泡芙皮的进阶
曲奇泡芙

* 放在泡芙皮面团上一起烘焙的曲奇面团无须打发，少量制作也无须借助机械的力量。质地纤薄，则没有存在感；如果厚重，则容易在烘焙过程中滑落，因此面皮擀到4mm左右时取模最佳。

* 能在冷冻状态下直接烘焙，所以可以批量制作后冷冻保存。仅烘焙必要的分量。

材料（曲奇面团41~43个）

发酵黄油…50g
细砂糖…110g
全蛋…30g
低筋面粉（紫罗兰）…150g
细砂糖（喜好的颗粒大小即可）…适量

准备

• 22℃备用。

烤箱

预热230℃，烘焙时温度210℃→
180℃→150℃。

1　黄油和细砂糖放入盆中，用硅胶刮刀搅拌至发白。

2　少量多次加入蛋液，仔细搅拌，至柔滑即可。

3　一次性加入全部的低筋面粉，切割式搅拌，成团即可。因为面团柔软，用保鲜膜包裹起来，擀成4mm的厚度后冷冻保存。

4　面团冷却变硬后，用直径4cm的圆形菊花模具取模。**2**中剩下的面团也同样擀成薄片，马上取模。然后冷冻，变硬后重叠在一起冷冻保存（a）。

5　放在泡芙皮面团上烘焙。挤好泡芙皮，喷水雾（p.52的步骤6），然后在**4**的面团一面撒细砂糖。撒糖的一面向上，放在泡芙皮面团上（b），与其他的泡芙皮面团一样烘焙。

Financier

费南雪

开店至今一直制作厚墩墩的费南雪，形状各异。这种偏深的烘焙色，也是美味的秘诀之一。

涂满大量黄油外，边角微微外翻，外表干脆。这种面团可以成就又香又润的口感。

动物形的费南雪表面，需要涂抹糖霜。饱满的形状和松软的口感相结合，让人爱不释手。

Oven Mitten的费南雪，外皮干爽浓香，内里口感柔嫩，一口就能带来十足的满足感。仔细咀嚼，能感受到黄油和坚果的香气，柔和而甘甜的感觉慢慢流进心田。决定味道的关键就来自加利福尼亚出品的卡梅尔杏仁粉。与欧洲产的杏仁粉相比，这款杏仁粉没有苦味，因此更符合人们理想中醇厚的杏仁味道。另外，为了让顾客拿起费南雪的时候感受到浓烈的黄油香，关键在于在模具内侧仔细厚涂黄油。为了让这些几经斟酌的食材和技巧散发光芒，混合的过程中全部手动操作，完全没有借助机械的力量。我相信，只有挣脱行业传统的束缚，始终追求理想的味道，才能赢得顾客的支持和认可。

费南雪的重点

重点 1

在深款模具中厚涂黄油

使用深款模具制作，追求外皮干爽浓香、内里口感柔嫩的效果。另外，我希望顾客把费南雪放在口边的时候，首先可以感受到油脂的味道。因此，Oven Mitten会在模具内侧涂满厚厚的普通（非发酵）黄油。推荐用量为50个30g。因为黄油喷剂中含有脱模添加物，这会影响成品的风味，所以我们没有采用。

重点 2

对半使用发酵和非发酵黄油

如果只使用发酵黄油，风味会过于浓烈，从而掩盖杏仁粉的味道。相反，如果只是用非发酵黄油，则印象会寡淡到没法给人留下印象。对半使用这两种黄油，才能恰到好处地打动人心。

重点 4

保持清爽的蛋白和糖浆

蛋白隔水加热，仔细搅拌至40℃。糖浆用微波炉加热或隔水加热，变软后加入少量蛋白仔细搅拌。在质地清爽的时候与其他粉类混合在一起，制作蓬松的口感。

重点 3

从落下的颜色来
确认黄油的焦糊程度

费南雪的味道和香气来自黄油的焦糊程度。加热黄油的时候，也要使用深款小锅，大火加热。随着黄油冒泡，开始用勺子搅拌，同时盛起确认颜色的变化进程。颜色开始变成浓浓的焦糖色且乳清开始糊到发黑以后，把锅底放在盛了水的盆里，阻止余热继续给黄油加热。如果加热过度，口感会变得油腻，从而让费南雪的口味变淡。

用打蛋器用力搅拌，使食材包裹住空气

蛋白与粉类混合，握住打蛋器手柄下方，有节奏地用力搅拌，让食材包裹住空气。首先，用打蛋器探到容器内侧的底部，随即沿着侧面向身体方向移动，然后重复探入内侧。搅拌120次左右，面糊会变得清爽、黏度下降，此时加入熬煮过的黄油。以同样的手法继续搅拌，裹住空气，搅拌到面糊开始蓬松。如果这个过程不是手工操作而是用机械替代，则烘焙后的成品既体现不出内侧与外侧的口感差异，也制作不出难以用语言来描述的风味。总体来说，机械操作后的效果略显平淡。

重点 6

释放出新鲜出炉的美味

刚烘焙好的成品外表酥脆，在不包装的情况下放置3小时，然后再销售。每日烘焙多次，这也是小批量烘焙的乐趣所在。顾客对此大为称赞。

费南雪

* 直径27cm的深型大号容器方便操作的分量（费南雪模具50个）。

* 最少量为分量的一半（25个），相同容器的最大量为2倍（100个）。

材料 （7.8cm×4.5cm×2cm的费南雪模具50个）

A 发酵黄油…200g
┌ 黄油（非发酵）…200g
蛋白…427g
水饴…10g
┌ 低筋面粉（紫罗兰）…175g
│ 杏仁粉（卡梅尔）…175g
└ 细砂糖…433g
黄油（非发酵，用于涂刷模具）…约30g

准备

• 如果烘焙动物形费南雪，则推荐用糖衣（p.126）进行装饰。糖衣要在使用之前制作，蛋白与糖粉的比例为1：6。取一半的蛋白与糖粉混合，充分混合后加入剩余的糖粉混合均匀。

推荐品尝时间和保质期

• 推荐品尝时间为出炉后6天内。

• 保质期为11天（冷藏保存）。

烤箱

预热230℃，烘焙时210℃→190℃。

步骤

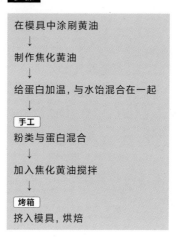

在模具中涂刷黄油
↓
制作焦化黄油
↓
给蛋白加温，与水饴混合在一起
↓
手工
粉类与蛋白混合
↓
加入焦化黄油搅拌
↓
烤箱
挤入模具，烘焙

1　涂刷用黄油在室温环境下放置到变软，用刷子厚涂。夏季涂刷后要和模具一起冷却。

2　把**A**的黄油放入锅中，在旁边准备一个装了水的小盆。大火给锅加热，黄油熔化、开始冒泡的时候，一边用勺子搅拌，一边继续加热。黄油开始上色（a），乳清颗粒开始变黑以后，关火。马上把锅底浸泡在水盆里，阻止余热继续作用于黄油。保持60～70℃。

3　用50℃的热水给蛋白隔水加热，用打蛋器打散，保持40℃。

4　如果水饴，可用微波炉加热至变软，加入1/8的蛋白（b），搅拌至均匀。倒回装有蛋白的容器中，仔细搅拌（c）。

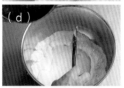

5　低筋面粉、杏仁粉、细砂糖放入深型容器中搅拌，加入**4**的蛋白（d）。

6　用打蛋器大致混合各种食材，然后用力搅拌至其包裹进空气。

搅拌费南雪面糊

Ｎ 约120次

Ｂ 黏性降低，质地变得清爽

* 握住打蛋器手柄下方，将打蛋器探到容器内侧的底部（e），随即沿着侧面向身体方向移动，然后重复探入容器内侧，反复搅拌（p.59）。

7　把保温中的**2**的焦化黄油过滤，然后倒入其中（f），大致搅拌。一边让空气混合进去，一边继续搅拌。

搅拌费南雪面糊

Ｎ 约120次

Ｂ 盛起面糊时有蓬松感

8　装入未装配裱花口的裱花袋，在**1**的模具中挤出每个约30g（八分满）的小面糊（h）。

9　放入210℃的烤箱中，烘焙10分钟。温度下调至190℃，烘焙5分钟。边缘出现焦色以后，从烤箱中取出，马上脱模（i）。模具倒扣，冲击台面，给模具施加冲击力。如果难以脱模，可借助小号面包刀。放在冷却网上自然冷却。

Chiffon Cake
戚风蛋糕

【香蕉戚风蛋糕、红茶和巧克力戚风蛋糕、抹茶戚风蛋糕】
戚风蛋糕可以用来制作不同的风味。每种制作方法都有相应的技巧，抹茶和香蕉戚风蛋糕都是人气商品。红茶的香气之上，还飘荡着巧克力的浓香。

【香草戚风蛋糕】款式简单，越
发凸显面团的柔润和鸡蛋的味
道。搭配咖啡的时候，可以点缀
一些打发奶油和时令水果。

Oven Mitten的戚风蛋糕有着无与伦比的轻盈质地。这种轻盈来自蛋白霜接近
泡沫破碎的极限打发技巧。为了防止大小各异的气泡在入口后产生坚硬口感
的问题，我们反复尝试如何去实现入口即化的口感。为了这种入口即化的戚
风蛋糕，必须要了解蛋白霜和砂糖的法则，不断调整初始蛋白的温度、搅拌速
度、加入砂糖的时间等，以求每个环节的完美无瑕。还有一个特征，就是凸显
鸡蛋的柔和感。通常的戚风蛋糕，蛋白的占比偏大，砂糖的使用量也偏大，这
就无形中隐藏了蛋黄的风味。我们想到了用蛋白霜的"体积"去取代蛋白和砂
糖的方法，这就能在不牺牲鸡蛋味道的同时创造出轻盈的口感。但是，我们仍
然需要采用特别的手法，在制作和混合的时候保护好脆弱的蛋白霜。操作时间
是决定成败的关键。

戚风蛋糕的重点

重点 1

轻轻搅拌蛋黄面糊

这款蛋糕不需要打发蛋黄面糊。如果过度打发蛋黄和砂糖，就会减少鸡蛋的风味。而鸡蛋柔和的香气大多数来自蛋黄，所以我们只要大致搅拌即可。然后加入热水，溶化砂糖。面团的温度上升后，流动性会随之提高，这会更易于搅拌蛋白霜。

重点 2

在5~10℃的环境中打发蛋白

使用已经在容器中冷却至5~10℃的蛋白。用Kitchen Aid搅拌3~4分钟即可得到恰到好处的泡沫。如果使用等同于室温（10℃以上）的蛋白，蛋白霜的气泡质量和数量都难以稳定，搅拌的过程中很容易破掉。相反，如果使用前把蛋白冷却到0℃左右，则需要更长的打发时间，得到过于细腻的泡沫，这种蛋白霜并不适合我们这款戚风蛋糕。

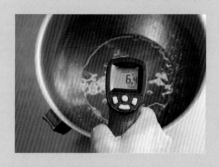

重点 3

让蛋白霜足够强韧，但避免分离

最适合用来制作蛋白霜的工具就是台式搅拌机。我们可以利用台式搅拌机在短时间内完成高质量、质地坚挺的气泡。在这里，为了制作含有大量大小不一气泡的蛋白霜，最初只能加入1小勺砂糖。如果砂糖过多，很难让蛋白霜膨胀起来，也就是说需要更长的打发时间。开始时高速搅拌，途中加砂糖的时候也不要停止机械的转动。开始时搅拌2~2.5分钟，当打发的蛋白从容器内壁向里掉落的时候，第一次加入砂糖，搅拌30~40秒。继续第二次加入砂糖，同样搅拌30~40秒。请注意不要搅拌时间过长，预防过度打发。打发以后需要快速进行接下来的步骤。如果慢悠悠地操作，蛋白霜会开始变干，之后跟蛋黄面团混合的时候很容易导致蛋白霜破掉。

合适的蛋白霜

过度打发的蛋白霜

重点 4

原创泡打粉配方

自从使用原创无铝泡打粉后，更加留意膨胀的效果，所以重新思考了泡打粉的配方。因为氧化剂的成分和配方不同，膨胀力、膨胀方法、烘焙效果、面糊的塑形等方面均有若干差异，这也直接促使我开发原创商品。本品拥有加水就开始膨胀的性质，让戚风蛋糕的制作变得格外简单。膨胀效果变好，也不会出现事后收缩的情况。另外，磷酸含量少，余味不会变差。

重点 5

大幅度，快手法

蛋白霜完成以后，要尽快跟蛋黄面糊混合在一起。首先，取1/4的蛋黄面糊放入盆中，用打蛋器大致搅拌。接下来把剩余的蛋白霜全部倒入，用刮板进行搅拌（p.24）。刮板从容器中心偏右的地方切入面团，感觉刮板的左边靠近身体一侧，"咣"地一下碰到容器的左侧内壁。手腕快速左右摆动，左手旋转容器，切入式搅拌面团。

重点 6

不制作能流淌的面糊

完成以后的面糊，虽然蓬松但是能保持原状。只要蛋白霜质地良好，搅拌方式得当，面糊就不会坍塌流淌。装入模具的时候，可以用刮板的曲线部分刮取面团，短边朝下把面糊全部磕打下来。尽量连贯地把面糊倒入模具中，防止面糊当中出现缝隙。

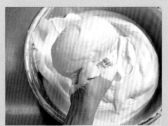

重点 7

进阶

进阶的戚风蛋糕，可以在制作蛋黄面糊的阶段进行，也可以在完成面糊后混入其他食材。戚风蛋糕的蛋白霜的性质比较独特，不能混入过多的种类。可以考虑的食材有容易搅拌的巧克力碎、柠檬果肉、香料等，这些都能直接加入蛋白霜中，一起参与后半段的制作。

而香蕉、南瓜、红豆、坚果果酱等可以混合到蛋黄面糊中，可以混合在面粉中的食材包括红茶茶叶、抹茶等。每种食材的混合时机不同，可以自由尝试。使用抹茶、巧克力、椰子、芝士等食材时，蛋白霜的泡沫容易消失，所以需要增加蛋白霜中的砂糖量。除此以外，其他均无须改变蛋白霜的配方。改变砂糖量的时候，蛋白霜的质地会有所变化，同时也会影响成品戚风蛋糕的口感。

香草戚风蛋糕

* 便于直径36cm的大号容器操作的分量（直径21cm的戚风蛋糕模具2个）。
* 蛋黄面糊用大号容器制作，本食谱加入了Kitchen Aid打发的蛋白霜。
* 最少量为分量的一半（直径21cm的戚风蛋糕模具1个）。
* 尽量减少接触蛋白霜的次数，快速操作。因为气泡容易碎，操作过程中无须测量，也无须计算入模后的重量。

材料

（直径21cm的戚风蛋糕模具2个 / 直径21cm的1个+直径14cm的3个）

- 蛋黄…160g
- 细砂糖…170g
- 香草籽…2~2.5个
  （或香草精1/8~1/10小勺）
- 色拉油…100g
- 热水（60℃以上）…170g
- 低筋面粉（紫罗兰）…230g
- 泡打粉…10g

蛋白霜

- 蛋白…320g
- 细砂糖…100g
- 柠檬汁…2.5g

准备

- 低筋面粉和泡打粉混合。
- 蛋白放在Kitchen Aid的容器里冷却至5~10℃。

推荐品尝时间和保质期

- 推荐品尝时间为出炉后2天内。
- 保质期为4天。

烤箱

预热200℃，烘焙时调整至180℃。

步骤

蛋黄、香草籽、细砂糖混合在一起
↓
加入色拉油和热水
↓
加入面粉

机器
打发蛋白
↓
手工
蛋黄液与蛋白霜混合
↓
烤箱
装入模具，烘焙

香草戚风蛋糕的制作方法

1 取大号容器（直径36cm），放入蛋黄、细砂糖、香草籽，用打蛋器轻轻划动混合。

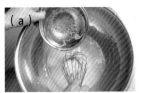

2 色拉油倒入热水中，然后加入**1**（a），用打蛋器整体划动混合。

3 加入过筛后的粉类，用打蛋器快速搅拌，直到看不到干粉（b）。

4 把1小勺细砂糖和柠檬汁加入冷藏好的放在Kitchen Aid容器里的蛋白液中（c）。

Kitchen Aid+打蛋器

🅢 8

🅣 2.5~3分钟

🅑 毛茸茸的大泡泡能从容器内壁上滑落

5 分2次加入剩余的细砂糖（d）。

Kitchen Aid+打蛋器

🅢 8

🅣 30秒 × 2

🅑 加入细砂糖后整理平滑，再次打发出毛茸茸的气泡

6 把1/4的蛋白霜加入**3**的蛋黄容器中（e），用打蛋器快速搅拌至看不到蛋白霜。加入剩余的蛋白霜，用刮板搅拌（f）。

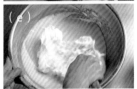

搅拌戚风蛋糕面糊（p.24）

🅝 40次

🅑 直至蛋白霜不可见，呈现出蓬松的面糊

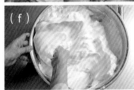

7 用刮板盛起面糊装入模具中，八分满。快速旋转模具，用离心力使表面平整（g）。

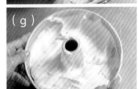

8 放入180℃的烤箱中，14cm的烘焙25分钟，21cm的烘焙30分钟。当面糊膨胀至最高（h）之后，会在裂口中观察到漂亮的烘焙色。从烤箱中取出，翻过来静置、冷却（i）。

9 切之前从模具里取出。

* 切割的技法参见p.133。

抹茶
戚风蛋糕

重点

制作强韧而柔软的蛋白霜

抹茶会促使蛋白霜的泡沫破碎，只能通过增加细砂糖的方法来制作强韧而柔软的蛋白霜，同时起到便于搅拌的作用。

材料（直径17cm的戚风蛋糕模具3个）

┌ 蛋黄…135g
└ 细砂糖…90g
┌ 色拉油…120g
└ 热水…210g
A 低筋面粉…180g
　 泡打粉…7.5g
　 抹茶…22g
蛋白霜
┌ 蛋白…300g
│ 柠檬汁…3.5g
└ 细砂糖…120g

准备

• **A**混合在一起。
• 蛋白冷却至5～10℃。

1 按照香草戚风蛋糕的制作方法（p.67）**1～3**的步骤制作（不使用香草籽）。在步骤**3**时，加入含有抹茶成分的**A**。

2 同样操作**4～5**的步骤，增加细砂糖的分量，制作强韧而柔软的蛋白霜。搅拌的时间减少10～20秒。

3 同样操作**6～8**的步骤，食材混合在一起，装入模具烘焙。180℃烘焙28分钟。

红茶和巧克力
戚风蛋糕

重点

留意添加食材的时机

把粉类加入蛋黄面糊中之后，再加入茶叶。巧克力碎会在温暖的面糊中熔化，所以要在最后加入。

材料（直径17cm的戚风蛋糕模具3个）

┌ 蛋黄…135g
└ 细砂糖…144g
色拉油…84g
A 热水…210g
　 红茶（茶叶）…15g
┌ 低筋面粉…186g
└ 泡打粉…7.5g
红茶（茶叶）…12g
蛋白霜
┌ 蛋白…270g
│ 柠檬汁…3.5g
└ 细砂糖…84g
调温巧克力（牛奶巧克力）…135g

准备

• **A**混合好以后，静置10分钟以上的时间，滤干，提取红茶茶汤（使用前加温至50℃以上）。
• 磨碎红茶茶叶。
• 蛋白冷却至5～10℃。

香蕉
戚风蛋糕

重点

香蕉不要打成果泥

如果用搅拌机把香蕉打成果泥，则黏稠的液体会让面团里产生大气泡。

材料（直径17cm的戚风蛋糕模具3个）

- 蛋黄…135g
- 细砂糖…114g
- 色拉油…84g
- 热水…120g
- 香蕉肉（未熟透）…280g
- 鲜柠檬汁…15g
- 低筋面粉…195g
- 泡打粉…7.5g

蛋白霜

- 蛋白…270g
- 柠檬汁…3.5g
- 细砂糖…84g

准备

- 蛋白冷却至5～10℃。

1　用叉子把香蕉肉碾碎，加入柠檬汁搅拌。在水分溢出前使用。

2　按照香草戚风蛋糕的制作方法（p.67）**1**～**2**的步骤制作（不使用香草籽）。

3　看不见干粉以后，加入香蕉，大致搅拌。

4　同样操作**4**～**5**的步骤，制作蛋白霜。因为分量少，所以搅拌的时间应减少10～20秒。

5　同样操作**6**～**8**的步骤，装入模具烘焙。180℃烘焙25分钟。

1　按照香草戚风蛋糕的制作方法（p.67）**1**～**2**的步骤制作（不使用香草籽）。**A**的红茶茶汤加热到50℃以上，倒入色拉油中。

2　按照步骤**3**，看不见干粉以后，加入研磨好的红茶茶叶，大致搅拌。

3　同样操作**4**～**5**的步骤，制作蛋白霜。分量少，所以搅拌的时间减少10～20秒。

4　同样操作**6**的步骤，混合面糊，看不到蛋白霜以后，加入切碎的巧克力，搅拌5～6次。

5　同样操作**7**～**8**的步骤，装入模具烘焙。180℃烘焙27分钟。

Short Cake
切块蛋糕（全蛋海绵蛋糕底）

【草莓切块蛋糕】全蛋海绵蛋糕底的鸡蛋风味衬托着奶油的细腻口感和草莓的鲜甜。

【巧克力切块蛋糕】全蛋海绵蛋糕底和奶油均为浓郁的巧克力口味。口感轻盈，但味道浓厚。

切块蛋糕的顾客群体非常广泛，从孩子到老人，好像每个人都很钟情这个款式。Oven Mitten的切块蛋糕体现了比较典型的制作者制作出的独特风味，请初次到访的客人一定要先尝为快。Oven Mitten的切块蛋糕，是夹了水果的3层款式，我觉得这正是美味的奥秘所在。使用中泽乳业的淡奶油，乳脂肪含量为47%，奶香浓郁。为了实现清爽的成品效果，在搅拌过程中需要尽量减少接触的次数。因为对于高脂肪含量的淡奶油来说，接触的次数越多，口感就会越凝重，这一点需要特别提醒大家注意。全蛋海绵蛋糕除了轻盈蓬松的口感以外，还需要搭配浓郁的鸡蛋香味。为了保持面团的美味，可以多添加一些利口酒糖浆。

切块蛋糕的重点

重点 1

砂糖含量高达鸡蛋的74%，浓密的泡沫可以造就细腻的海绵蛋糕

在一般的配方中，砂糖可以占到鸡蛋的50%。对分量比较轻盈的海绵蛋糕来说，这样的蛋白霜气泡显然有点不稳定。推荐把砂糖的比例提升到74%，这样才能让蛋白霜足够强韧。按照这样的配方，蛋白霜里可以包含大量的气泡，而且不容易破损。结果来说，加入面粉后就算搅拌150次，泡沫也不会消失。也就是说，只要让气泡紧密结合，就能形成面粉的支柱，烘焙出质地细腻的蛋糕。最终的成品，体积约成为面团的2倍。也正是因为气泡足够强韧，失败的可能性很低。貌似砂糖含量多，但其实也另行加入了占鸡蛋比例66%的面粉，所以糖分在全部体积中的占比相对合适，不会变得过分甜。

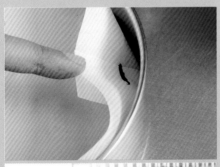

重点 2

不要用最高速打发泡沫

鸡蛋和砂糖隔水加热，打发时把速度调至6~8的中高速挡。最高速挡打发后，面糊的质地会变得粗糙，请多加小心。比重建议控制在23~26g/100mL，关键在于掌握成品质地的感觉。当调整出合适的比重后，可改为低速搅拌，以便增加细腻的气泡。这样的过程可以制作出没有大气泡、质地均匀的面糊。

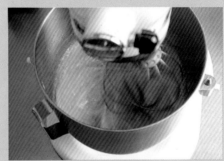

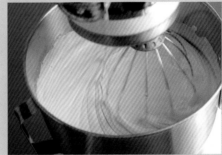

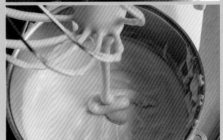

混合面粉的时候形成对流，
搅拌150次以上

海绵蛋糕的面糊里有大量强韧的气泡，采用搅拌全蛋海绵蛋糕面糊的方法（p.23）。用硅胶刮刀（或刮板）较大一面接触面糊，沿着容器底部和侧面移动，搅拌的时候感觉好像在容器内部形成了对流一样。切入式搅拌，不让面粉均匀散开，也不需要制作出质地细腻的面糊。另外，海绵蛋糕面糊里含有74%的砂糖，气泡强韧，所以需要搅拌150次以上。但制作巧克力切块蛋糕的时候，砂糖含量仅有58%，气泡也没有那么强韧，所以搅拌蛋糕卷面糊和搅拌全蛋海绵蛋糕面糊两种方法相结合，合计搅拌80次左右即可。

加入乳脂肪含量达47%的
淡奶油使其质地轻盈

我比较喜好中泽乳业出品的淡奶油，其脂肪含量为47%。不仅仅使用在切块蛋糕上，Oven Mitten只使用这一种淡奶油。Oven Mitten独有的醇厚感和浓缩感，都与这款淡奶油紧密相连。制作切块蛋糕的涂层奶油时，还可以添加4%的牛奶，使质地更加轻盈。这样做不仅不会改变奶油的风味，搅拌时也不会让奶油在短时间内变干。

进阶

最有人气的款式当属草莓切块蛋糕，但在难以采购到新鲜草莓的季节，我也会使用其他水果，推荐果香浓郁的菠萝、桃子等。如果制作巧克力切块蛋糕，可以搭配香蕉、菠萝或糖衣坚果脆饼干。

草莓切块蛋糕

* Kitchen Aid易于操作的分量（直径15cm的圆形模具3个）。

* 最少量为分量的一半。

* 如果同时制作4个以上，可以用Kitchen Aid操作到打发为止，从混合面粉起
  要转移到大号容器中操作（p.26）。

材料 （直径15cm、高6cm的圆形模具3个）

面糊

鸡蛋…285g
细砂糖…210g
水饴…12g

牛奶…75g
黄油（无盐）…48g

低筋面粉（紫罗兰）…189g

糖浆（p.126）…210g
利口酒…30g

最后步骤使用的奶油酱（1个的用量）

淡奶油…240g
牛奶…10g
细砂糖…15g

草莓…15~20颗

蓝莓…8颗

啫喱（p.126）…适量

准备

• 烘焙用纸铺在模具里。侧面的纸高6.5cm。

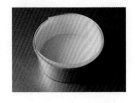

烤箱

预热180℃，烘焙时调整到160℃。

步骤

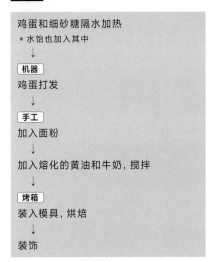

鸡蛋和细砂糖隔水加热
 ＊水饴也加入其中
  ↓
机器
鸡蛋打发
  ↓
手工
加入面粉

加入熔化的黄油和牛奶，搅拌
  ↓
烤箱
装入模具，烘焙
  ↓
装饰

推荐品尝时间和保质期

• 推荐品尝时间和保质期均在当日。

• 面团可冷藏保存2天，冷冻可保存2周。可以
  用纸包裹住，密封冷冻保存。使用时在冷藏
  室或室温中解冻。

1 水饴放入小盆中，包裹保鲜膜，隔水加热或利用微波炉加热至变软（a）。

> * 包裹保鲜膜是为了防止水饴表面变干。

2 鸡蛋放入Kitchen Aid的容器中打散，加入细砂糖搅拌。隔水加热至45℃（b）。加入**1**的水饴，仔细搅拌。

3 利用Kitchen Aid打发蛋白霜。打发的初始温度应为43℃。

Kitchen Aid+打蛋器

S 6~7

T 5分~5分30秒

B 摘掉打蛋器，垂直提起，确认柔软的面糊缓慢落下，留下重重的压痕（c）。

G 24~27g

> * 如果比重过重，可以继续打发。

4 降低速度，调整质地（d）。

Kitchen Aid+打蛋器

S 1~

T 3分

B 大泡沫消失，调整质地

5 在操作第**4**步的同时，锅内放入牛奶和无盐黄油，小火加热，让黄油熔化。保持50℃的温度。

6 取下容器，加入全部面粉，用硅胶刮刀混合（e）。

搅拌全蛋海绵蛋糕面糊（p.23）

N 45~50次

B 看不见干粉

7 把**5**的牛奶和无盐黄油打散，倒入（f）混合。

搅拌全蛋海绵蛋糕面糊（p.23）

N 85~110次

B 出现光泽，质地细腻

G 43~47g

8 每个模具倒入260g的面团（g）。轻轻在操作台面上磕几下模具，让表面的气泡消失。

> * 减少硅胶刮刀接触面团的次数，避免气泡消失。粘在硅胶刮刀上的面团，就不要再用了。

9 放入160℃的烤箱中烘焙30~35分钟。表面出现烘焙色，周围的纸开始弯曲下垂时，从烤箱取出。马上带模在操作台上拍打，防止收缩。

10 脱模，上下颠倒着静置5~6分钟（h）。上下位置复原，冷却。面糊膨胀至原始体积的1.8~2倍。

(a)

(b)

(c)

(d)

(e)

(f)

(g)

(h)

[点缀]

1 选取外观漂亮的角度，把草莓切成7mm的小片，用于上面装饰。

2 把淡奶油、牛奶、细砂糖装入Kitchen Aid的容器中搅拌，打至六七分发。从机械上取下容器，隔水放在冰水上，手持打蛋器打至八分发。

Kitchen Aid+打蛋器

⑤ 4

⏱ 1分钟

3 从垫纸上取下全蛋海绵蛋糕面糊，切成1.5cm的片。薄薄地割掉底侧有烘焙色的部分。利用1.5cm的垫木，切成3片。从上面也要切掉薄薄一层有烘焙色的部分。

4 第1片，底面朝上放在转台上，整体涂满糖浆（i）。

* 底面朝上，是因为这里比中央部分的烘焙程度更深，可以多涂一些糖浆。

5 从**2**的奶油中取1/7左右，摊平在**4**上面。

* 使用高脂肪含量的淡奶油，接触次数多会导致发生分离现象。所以每次仅取需要分量，减少接触次数。

6 从外侧开始，把**1**的草莓排列成放射线状（j）。按照**5**的手法涂抹奶油，填平草莓缝隙，上面整理平整。

7 轻轻地在中间蛋糕片的单侧涂抹糖浆，然后涂了糖浆的一面向下盖在**6**上，再在上面涂满糖浆。接着同样涂抹奶油，摆放草莓，再次涂抹奶油。

8 轻轻在最上面的蛋糕表面涂抹糖浆，涂了糖浆的一面向下盖在**7**上。最后把剩余的糖浆涂抹上去。

9 取剩余奶油的1/3，薄涂在偏下的侧面。之后稍微厚涂，整理表面状态（k，l）。

10 涂抹剩余的奶油，装饰提前准备好的草莓和蓝莓。放入冷藏室静置10分钟以上，然后切开。在草莓的切口处涂抹啫喱。

（i）

（j）

（k）

（l）

切块蛋糕的进阶

巧克力切块蛋糕

* Kitchen Aid易于操作的分量（直径15cm的圆形模具3个）。

* 最少量为分量的一半。如果同时制作4个以上，可以用Kitchen Aid操作到打发为止，从混合面粉起要转移到大号容器中操作。

* 可可粉难以融合，而且分量偏少，可以用搅拌蛋糕卷面糊的方法快速混合。

材料 （直径15cm、高6cm的圆形模具3个）

蛋糕胚

鸡蛋…315g
细砂糖…185g

A 低筋面粉（紫罗兰）…138g
可可粉（法国品牌PECQ或法芙娜）…33g

*使用味道浓厚的可可粉。

牛奶…36g

糖浆（p.126）…210g
利口酒…27g

最后步骤使用的巧克力酱（1个的用量）

B 调温巧克力

（可可百利, 可可脂含量55%）…15g

（法国品牌PECQ, 可可脂含量64%）…60g

牛奶…50g

淡奶油…250g
糖粉…19g

薄板巧克力（p.127）、美国樱桃、糖粉各适量

准备

• 牛奶加温到50℃。

• A和B分别混合。

• 模具准备可参照草莓切块蛋糕（p.74）的步骤。

烤箱

预热180℃，烘焙时调整到160℃。

推荐品尝时间和保质期

• 推荐品尝时间和保质期均在当日。

• 蛋糕坯可冷藏保存2天，冷冻可保存2周。可以用纸包裹住，密封冷冻保存。使用时应在冷藏室或室温下解冻。

• 巧克力酱可冷藏保存2天。

1 按照草莓切块蛋糕的方法烘焙蛋糕底（p.75）。不使用水饴。按照**2 ~ 4**的步骤打发泡沫。比重为19 ~ 24g。

* **3**的打发程度可以参考提起打蛋器后面糊的状态，整体比全蛋海绵蛋糕的质地略重一些（a）。

2 摘下容器，装入**A**，用硅胶刮刀搅拌（b）。

搅拌蛋糕卷面糊（p.23）

N 35 ~ 40次

B 看不见干粉

3 加入升温至50℃的牛奶，整理容器侧壁，继续搅拌。注意不要过度搅拌。

搅拌全蛋海绵蛋糕面糊（p.23）

N 40次左右

B 出现光泽，整体蓬松

G 40 ~ 45g

* 不要打成能轻松流淌的面糊。

4 每个模具倒入215g的面糊（c），轻轻在操作台面上磕模具，让表面的气泡消失。

5 放入160℃的烤箱中烘焙30 ~ 33分钟。铺在模具里的纸开始出现褶皱时，轻轻按压蛋糕中央部位确认（d）。体积膨胀至原始体积的2倍左右，出现弹性时，从烤箱中取出。按照草莓切块蛋糕的方式进行冷却（e）。

6 制作巧克力酱。将**B**装入Kitchen Aid的容器，加入略微煮过的牛奶，仔细搅拌。冷却至室温，加入1/4的淡奶油，仔细搅拌。加入剩余的淡奶油和糖粉，用机械打发。制成七分发的巧克力酱。

Kitchen Aid+打蛋器

S 4

T 40 ~ 50秒

7 进行点缀。把巧克力蛋糕底切成3片，在第1片上涂抹糖浆，从**6**中取1/4的奶油，抹平。第2片也一样。

* 巧克力酱比奶油酱更容易变干，需要多加注意。

8 3片重叠好以后，涂抹糖浆，刮平上面和侧面。下面和表面都涂抹好以后，整理外观。装饰薄板巧克力、美国樱桃和糖粉。

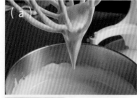

Roll Cake

蛋糕卷

【巧克力蛋糕卷】在品尝到微苦的可可香以后，随之而来的就是酸甜适口的水果和奶油风味。

【原味蛋糕卷】蛋糕本身足够美味，最好只搭配打发的奶油酱。

蛋糕卷的蛋白霜可以使用蛋白，也可以使用全蛋。Oven Mitten多数使用全蛋蛋白霜。首先，全蛋蛋白霜可以在一个容器内制作，效率较高。其次，蛋香能发挥得比较明显，让成品效果更加润盈。无论是原味蛋糕卷还是巧克力蛋糕卷，鸡蛋的含量都很高，甚至占到了面粉的30%。与鸡蛋的气泡相比，面粉的支撑力比较小，所以能在烤箱中大大地膨胀起来，也能在处理后快速地收缩回去。但正因为蛋糕具备这种柔软的力量，才能以蛋糕卷的形态被卷起来，并且打卷之后能长时间保持稳定的状态。对面粉含量较少的面团来说，需要熟练的搅拌技巧以及判断何时可以告一段落的经验，稍有偏差就会左右鸡蛋的风味和成品的味道。

蛋糕卷的重点

重点 1

面粉少的时候需要挑战手速

与鸡蛋的比例相比，面粉的比例不足40%，实际上这样的比例让混合非常困难。一不留神，面粉就会结块，所以需要在面粉吸收水分之前，快速地完成搅拌。总结来说，在加入面粉之初的前半段操作中，按照搅拌蛋糕卷面糊的方法（p.23）快速操作。硅胶刮刀从容器的右侧向左侧移动，保持硅胶刮刀处于面糊下面，然后马上返回右侧。请注意，如果搅拌的速度慢下来，就有随时结块的可能。在看不到干粉以后，转变为搅拌全蛋海绵蛋糕面糊（p.23）的方法，让面糊拥有筋性。另外，蛋糕卷面糊的砂糖含量在50%左右时，气泡会变大。也就是说，气泡要比海绵蛋糕更少，更容易破碎，所以搅拌的次数必须控制在70~90次之间。毕竟气泡没有那么强韧，不需要像海绵蛋糕那样持续搅拌。

重点 2

添加牛奶使面糊变软

为烘焙出柔嫩丝滑的蛋糕，别忘记向面糊中添加牛奶。不使用黄油的目的是保证冷藏后的蓬松状态。多数原味蛋糕卷上不涂刷糖浆，所以也不需要添加会让面糊紧缩的黄油。不用黄油更容易直观地体现鸡蛋的风味。

重点 3

烘焙时面糊的四角略高

面糊的边缘在受热后会出现剧烈的收缩现象。特别是四个角的部位，很容易在烤箱中被烤糊。所以用刮板把面糊的四角堆起来，略高于中央部位，才能保证均匀的烘焙效果。

把2个烤盘重叠在一起

将面糊倒入烤盘中，然后把2个烤盘叠在一起放进烤箱中烘焙。这是为了让底面和侧面的热传导更加柔和，着色更加美观。蛋糕卷被卷起来以后，美丽的黄色也能散发出诱人的味道，但这种味道可不是单用1个烤盘就能实现的。面糊的分量可以根据手头上烤盘的尺寸来进行调节。对流烤箱的话，可以把烤盘平放在炉内，平面烤箱则需要把2个烤盘重叠在一起。

卷起来以后调整平整度

蛋糕卷中的面粉含量相对较少，因此烘焙时会膨胀，但出炉后马上就会收缩，但是，这也在我们的预料之中。按照我们的配方，表面应当出现美观的"收缩皱纹"，所以不用另行划出刀口就能卷起来。蛋糕质地柔软，可以用压力调整卷曲以后的紧致度。完成后，兼具美观和美味。

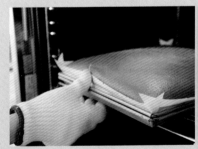

进阶蛋糕卷的秘诀

这是一款全蛋蛋白霜制作的蛋糕卷，只要改变面粉的比例就能完成多种不同的进阶款式。例如，100%的鸡蛋与55%的砂糖配合时，面粉可以在30%~60%之间增减。增加面粉比例，则成品偏硬；减少面粉比例，则成品偏软。而各自的口感、入口即化的程度、鸡蛋的香气和浓郁度也会随之改变。如果在面团中加入抹茶或水果果泥，再把砂糖换成红糖或蔗糖，都会带来惊喜。中间的卷料可以是奶油、芝士奶酪、卡仕达酱等，当然也可以搭配喜欢的水果，来创作属于自己的独家蛋糕卷。

原味蛋糕卷

* Kitchen Aid容易操作的分量（30cm烤盘1个）。

* 鸡蛋含量多，易于打发，因此附带的容器仅可满足1个烤盘所需的分量。如果需要烘焙2个烤盘的分量以上，则需要换成更大的容器。

* 使用绵白糖，面糊质地更加紧致。推荐使用细颗粒的绵白糖。

材料（30cm烤盘1个）

面糊

全蛋…250g
绵白糖…127g
低筋面粉（超级紫罗兰）…75g
牛奶…44g

奶油

淡奶油…170g
牛奶…4g
细砂糖…14g

准备

• 牛奶加温至50℃。

• 烤盘内铺好烘焙用纸。在四角剪出切口，侧面竖起，高度约为烤盘侧壁的2倍。

烤箱

预热 210℃，烘焙时调整至190℃。

步骤

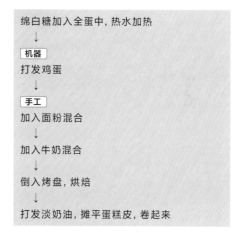

绵白糖加入全蛋中，热水加热
↓
机器
打发鸡蛋
↓
手工
加入面粉混合
↓
加入牛奶混合
↓
倒入烤盘，烘焙
↓
打发淡奶油，摊平蛋糕皮，卷起来

推荐品尝时间和保质期

• 推荐时间和保质期均为当日。

原味蛋糕卷的制作方法

1 鸡蛋装入Kitchen Aid容器中，用打蛋器打散，加入绵白糖搅拌。隔水加热至43℃，装配到机械上打发。

Kitchen Aid+打蛋器

S 6~7

T 5分钟

B 提起打蛋器，可以在空中停止一瞬间，然后掉落，留下痕迹（a）

G 18~23g

* 如果比重过重，可以继续打发。

2 降低速度，整理质地。

Kitchen Aid+打蛋器

S 1

T 2分钟

B 直到大泡沫消失，整理到只有小泡沫

3 取下容器，加入过筛面粉。用硅胶刮刀搅拌。

搅拌蛋糕卷面糊（p.23）

N 35~40次

B 看不见干粉为止

4 加入升温至50℃的牛奶，继续搅拌（b）。

搅拌全蛋海绵蛋糕面糊（p.23）

N 40~45次

B 直到流畅顺滑，可以缓缓地流动

G 23~27g

5 把面糊倒入烤盘（c），用刮板把面糊推至烤盘的四个边缘。沿着烤盘的边缘，用刮板从靠近身体一侧开始，逆时针推开面糊（d）。烤盘旋转90°，再次按照相同手法推开面糊，最后保证四周的面糊略高。烤盘轻轻磕打在操作台面上，让表面的气泡消失。

6 叠加一个烤盘，放在网架上，在190℃的烤箱内烘焙19~20分钟。从蓬松的状态开始收缩的时候，从烤箱取出，脱模。然后放在网架上冷却。大致冷却以后，盖上一条干燥的毛巾，直至完全冷却。

7 卷奶油。把淡奶油、牛奶和细砂糖装进Kitchen Aid的容器中，打至七八分发。

Kitchen Aid+打蛋器

S 4

T 1分钟

* 停止机械搅拌，一边观察状态，一边用打蛋器手动搅拌。

8 拿掉**6**侧面的纸，翻到背面，然后拿掉底面的纸。如果蛋糕表面有结块，去除结块。把纸恢复原位，再翻过来，让烘焙面朝上。

9 把所有奶油在蛋糕中间铺成一条直线。用刮刀把奶油平铺在蛋糕表面（e），靠近身体一侧略厚。

10 带着垫纸，把蛋糕提起来，从靠近身体一侧开始向内侧卷，轻轻按压，制作卷芯（f）。从纸左右两端的5cm位置提起来，朝另一侧一气呵成地卷起来（g）。如果奶油从两端冒出，可以塞回蛋糕卷里面。卷好后，卷口部朝下（h）。用纸包好，放入冷藏室静置30分钟以上。

(a)

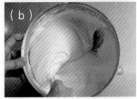

(b)

(c)

(d)

(e)

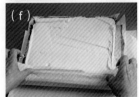

(f)

(g)

(h)

原味蛋糕卷的进阶

巧克力蛋糕卷

* Kitchen Aid容易操作的分量（30cm烤盘2个）。

* 最少量为分量的一半。

* 面糊中含有大量气泡，但是可可粉可以紧固面糊，所以用附带的容器可以烘焙出2个烤盘的分量。如果需要烘焙3个烤盘的分量以上，则需要在混合面粉的步骤时换成更大的容器。

* 巧克力风味的蛋糕在湿润的时候香气更加浓郁，建议涂刷糖浆。

| 材料 | （30cm烤盘2个）

蛋糕坯

全蛋…450g
细砂糖…274g

A 低筋面粉（超级紫罗兰）…70g
可可粉（法国品牌PECQ）…70g

牛奶…72g

糖浆（p.126）…40g

利口酒…15g

奶油

淡奶油…350g
牛奶…10g
细砂糖…15g

水果
（树莓、草莓、菠萝等）…约250g

* 推荐使用2~3种有酸味的水果进行组合。

准备

• A提前混合。

• 牛奶加温至50℃。

• 与原味蛋糕卷（p.83）相同，在烤盘内铺好卷纸。侧面高度约为烤盘侧壁的2倍。

• 草莓和菠萝等切成1cm的小块。

烤箱

预热200℃，烘焙时调整至180℃。

推荐品尝时间和保质期

• 推荐品尝时间和保质期均在当日。

• 蛋糕坯可密闭冷冻保存2周。

1 按照原味蛋糕卷的制作步骤 **1~3** 操作。但是用细砂糖取代绵白糖，用A取代底筋面粉（a）。**3** 搅拌蛋糕卷的面糊（b）在35次左右即可。

* 打发之后的比重约20g。

* 可可粉中的油脂容易导致气泡消失，所以需要减少搅拌次数。

2 按照步骤 **4** 加入牛奶，进行全蛋海绵蛋糕面糊的搅拌（c）。次数约35次。

*比重约31g。

3 1个烤盘上倒入450g的面糊（d），放入烤箱烘焙。180℃，烘焙18~19分钟。从烤箱中取出，马上带着烤盘倒扣在操作台上，冷却。

4 与原味蛋糕卷相同，剥掉烘焙用纸，摘掉结块，在有烘焙色的一面涂刷糖浆（e）。在每份蛋糕底上涂抹170g奶油。首先摊平2/3左右，水果排列在靠身体一侧，占一半的面积。剩余的打发奶油整体涂开，卷成蛋糕卷（f）。

（a）

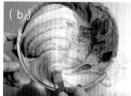

（b）

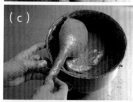

（c）

（d）

（e）

（f）

Cheese Cake
芝士蛋糕

纽约芝士蛋糕（焦糖饼干底）

原味芝士蛋糕

巴斯克芝士蛋糕

【纽约芝士蛋糕（焦糖饼干底）】使用大量奶油奶酪。底部香气浓郁的饼干托起芝士蛋糕，让风味的浓郁程度更上一层楼。虽然味道浓厚，但口感还是格外柔软。

【原味芝士蛋糕】长期占据Oven Mitten的商品橱窗。面团中加入酸奶油。口感酸甜适宜，体现出经典的芝士蛋糕风情。

【巴斯克芝士蛋糕】外侧烘焙出焦糖质感，内部仍是半熟状态。面团在搅拌时没有包裹气泡，所以高温烘焙的情况下能快速受热。

Oven Mitten店铺的展示柜中常年摆放着3～4种芝士蛋糕。本次介绍的3款芝士蛋糕分别是原味芝士蛋糕、配方接近西班牙风格的巴斯克芝士蛋糕和最近面世的纽约芝士蛋糕。每种款式的味道和口感都有所区别，制作窍门也不尽相同。通常，奶油奶酪的含量越多，就越容易给人留下口感松软的印象。但如果需要创作出像布丁那样柔嫩顺滑的口感，就一定要使用淡奶油。不同款式的蛋糕要配合不同的混合方法，请参考食谱中指定的手法。但有一个共同的重点，那就是不要过度烘焙。如果大火烘焙，会让口感变差，失去芝士的风味。

芝士蛋糕的重点

重点 1

区分使用奶油奶酪

每个厂家出品的奶油奶酪，都会在盐分、酸味、乳香、硬度等方面有微妙的差异。我们可以从理想的味道和口感着眼，区分使用不同的奶油奶酪产品。当然，也可以混合使用。Oven Mitten使用3种奶油奶酪，分别是北海道乳业的Luxe（酸味和咸味相对柔和）、森永乳业的Philadelphia（酸味和咸味相对浓烈）、Bel Japan的Kiri（酸味和咸味相对平衡）。

重点 2

开始搅拌时的温度很重要

冷却（16~18℃）的奶油奶酪质地比较硬，必然导致搅拌时间较长，结果会出现含有大量气泡的面糊，这是制作原味芝士蛋糕的操作方法。与此相反，如果使用柔软（26~30℃）的奶油奶酪，材料可以混合得更加流畅，面糊的气泡更少，质地更细密，这样可以做出巴斯克芝士蛋糕。无论怎样操作，都可以把奶油奶酪切成1.5cm左右的薄片，用保鲜膜包好，放入微波炉中加热到需要的温度。

重点 3

搅拌过程中一定要保证温度

在搅拌奶油奶酪的过程中，鸡蛋和淡奶油也要保持适当的温度。面糊的温度升高以后，会导致芝士变形和鸡蛋分离。另外，烘焙前要始终保持面糊处于适当的温度条件下，这样更容易管理烘焙时间。

重点 4

减少混合不匀的部分，制作顺滑的面糊

使用机械搅拌的时候，要频繁地清理容器内壁，消除混合不匀的食材和奶油奶酪的颗粒。如果鸡蛋和淡奶油的分量比较多，可以分次少量加入。当然，每次都要仔细清理粘在容器内壁和搅拌桨上的食材。清理好以后，最少要再搅拌10秒才能加入下一次的食材。

纽约芝士蛋糕的重点

重点 1

用尽量低的温度烘焙

为了营造出包含气泡的柔软口感，我们使用150℃的低温烘焙方法，留心不让食材被过度加热。如果面糊从模具中取出之前就膨胀了起来，那么取出后就会迅速收缩。我到纽约实地考察的时候，发现每家店铺在制作芝士蛋糕时都用了大量的奶油奶酪，食材非常简单。我们这款食谱，充分运用了这个经验。在面糊下面铺一个调香饼干底，以热度渗透的方式让面糊变得更加柔和。

重点 2

变奏曲

这款芝士蛋糕的面糊非常适合演变成进阶版。例如说最基本的饼干底含有的桂皮等香料会把自身的香气传递到芝士蛋糕中，与焦化反应相结合。除此之外，还可以没有底坯，在烘焙过程中叠加奶酥一起烘焙。更可以在芝士面糊里混合一些抹茶、坚果酱或莓果果泥等。对了，可以尝试一下出炉后静置，然后再次叠加分层烘焙的手法。

纽约芝士蛋糕（焦糖饼干底）

* Kitchen Aid便于操作的分量（直径15cm圆形模具3个）。
* 最少量为1/3（1个），最大量为6个。如果同时制作7个以上，要在混合淡奶油之前转移到更大容器中。

材料 （直径15cm圆形不脱底模具3个）

┌ 奶油奶酪（森永乳业的Philadelphia）…435g
└ 奶油奶酪（北海道乳业的Luxe）…390g
细砂糖（细颗粒）…200g
香草酱…1/3小勺
全蛋…276g
淡奶油…69g
低筋面粉（紫罗兰）…18g

底坯

┌ 调香饼干…300g
│ *可以在饼干碎中混合桂皮粉和丁香粉。
└ 黄油…80g

焦糖酱

┌ 焦糖酱 （p.126）…30g
└ 糖浆 （p.126）…16g
饼干（Lotus）…适量

准备

底坯

• 在模具内侧铺烘焙用纸。
• 把饼干压碎，装入厚质塑料袋中，从上面用擀面杖擀成粗粉末。
• 黄油熔化备用。

芝士面团

• 奶油奶酪保持在16～18℃。
• 鸡蛋保持在20～22℃。

烤箱

底坯：预热190℃，烘焙时调整成170℃。
芝士面糊：预热170℃，烘焙时调整成150℃。

步骤 （芝士蛋糕、原味芝士蛋糕、巴斯克芝士蛋糕共通）

* 如果有底坯，需要提前准备
↓
芝士面糊

机器
搅拌奶油奶酪
* 加入细砂糖

加入全蛋和淡奶油，混合
* 分3次加入
↓
手工
加入粉类后混合
↓
烤箱
倒入模具，烘焙
* 制作原味芝士蛋糕的时候，需要余热加热

冷藏(5小时)

推荐品尝时间和保质期

• 出炉后，次日至第3天内品尝最佳。
• 保质期为4天。

1 烘焙底坯。擀碎的饼干装入容器中，加入熔化黄油搅拌均匀（a）。

2 每个模具中装入97g的面团，用刮板压着整理平整（b）。放入170℃的烤箱中烘焙8～10分钟。静置冷却。

3 把奶油奶酪、细砂糖、香草酱放入Kitchen Aid中搅拌。细砂糖溶解并与奶油奶酪融合到一起以后，开始用低速搅拌，然后逐渐提升速度。

Kitchen Aid+搅拌桨

Ⓢ 1→2

Ⓣ 各20～25秒

Ⓑ 整体融合，质地均匀

* 搅拌的同时要用搅拌桨频繁地清理容器内壁（c）。

4 提高速度，一边包裹住空气，一边搅拌至顺滑。途中记得清理内壁。

Kitchen Aid+搅拌桨

Ⓢ 3

Ⓣ 2分钟

Ⓑ 柔滑，变白

5 一边搅拌，一边分3次加入全蛋（d）。

Kitchen Aid+搅拌桨

Ⓢ 3

Ⓣ 3分钟

Ⓑ 黏稠，柔滑

* 加入蛋液后搅拌至均匀，随时清理容器内壁。

* 鸡蛋全部加入以后，用硅胶刮刀确认容器底部是否有残留的奶油奶酪颗粒或不均匀之处。如果有，用硅胶刮刀碾碎，再继续搅拌15秒。

6 加入淡奶油，搅拌。

Kitchen Aid+搅拌桨

Ⓢ 2

Ⓣ 10～15秒

Ⓑ 质地均匀

* 清理容器内壁，然后搅拌10秒左右，注意不要过度搅拌。如果含有大量气泡，烘焙过程中就会大大地膨胀起来，导致表面出现裂纹。

7 另取一个容器，取1/5的面糊，加入低筋面粉，用打蛋器搅拌至均匀（e）。倒回**6**的容器内，用打蛋器仔细搅拌（f）。

8 向**2**的模具中分别倒入450g面团（g），在150℃的烤箱中烘焙43～45分钟（h）。

* 整体膨胀2～2.5cm以后，如果触摸会感受到弹力，就不要继续烘焙了。冷却后会恢复原有高度。

9 带模冷却，用保鲜膜包好后放入冷藏室冷藏一晚。

10 用糖浆稀释焦糖酱，制作有黏稠感且可以缓慢流动的焦糖酱。脱模，切割。把装饰用的饼干切成两半，装饰其上。

（a）

（b）

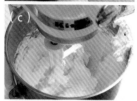

（c）

（d）

（e）

（f）

（g）

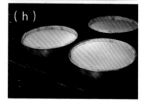

（h）

原味芝士蛋糕的重点

重点 1

搅拌过程中保持在24℃以下

开始搅拌时，奶油奶酪的温度保持在16~18℃。然后按照发酵黄油、酸奶油、18~20℃鸡蛋的顺序加入各种食材，分别搅拌。包裹住适量气泡，在风味丰盈的同时保持口感轻盈。面糊的温度如果超过24℃，会导致黄油分离，口感变差。所以搅拌的时候需要格外注意。

巴斯克芝士蛋糕的重点

重点 1

外焦里嫩

实地品尝时获得的感动让我至今难以忘记，所以我总是希望尽力地再现当时的那种味道。外表面焦色浓郁，有满满的焦糖风味，但是蛋糕里面仍然是奶香十足的稚嫩口感。巴斯克地区的一间名为"la biniya"的店铺，偏好烘焙大号的蛋糕，每个用到的奶油奶酪就重达1kg。Oven Mitten为了用直径15cm的模具来烘焙，追求最佳的配方、搅拌、烘焙效果，我们不得不进行了很多次的尝试。看起来平平无奇，但其实我们是根据面糊的液体状态来判断火候的。因为如果面糊失去了流动感，就意味着烘焙过度了。

重点 2

进阶

我们也尝试过按照原有配方，破釜沉舟地去挑战其他烘焙方法。例如说保持低温，用蒸烤的方式来烘焙。这样的成品整体质感宛如布丁，广受好评。我们搭配了提前准备好的糖煮杏和西梅红茶煮，酸甜宜人，口味上佳。

原味芝士蛋糕

* Kitchen Aid便于操作的分量（直径15cm圆形模具3个）。
* 最少量为1/3（1个），最多6个。

材料 （直径15cm圆形不脱底模具3个）

奶油奶酪（Kiri）…643g
细砂糖…200g
香草豆荚…约4.5cm
（或香草精油 1/3小勺）
发酵黄油…72g
酸奶油…287g
┌ 全蛋…180g
└ 蛋黄…60g
玉米淀粉…21g

底坯
全蛋海绵蛋糕（p.75）
直径15cm，高1cm，3个

准备

底部面团
• 模具里铺好烘焙用纸（p.94）。
• 铺好全蛋海绵蛋糕底。

奶油奶酪面团
• 奶油奶酪冷却至16～18℃。
• 发酵黄油、酸奶油、鸡蛋（全蛋与蛋黄混合）冷却至18～20℃。

烤箱
预热190℃，烘焙时调整至170℃。

推荐品尝时间和保质期

• 推荐品尝时间为2～4天。
• 保质期为5天。冷冻可保存20天，食用前放入冷藏室自然解冻即可。

1 奶油奶酪装入Kitchen Aid的容器中，同时放入细砂糖和香草籽，搅拌方法与纽约芝士蛋糕（p.91）相同。

2 加入软化黄油，搅拌。

Kitchen Aid+搅拌桨

Ⓢ 2
Ⓣ 20秒
Ⓑ 至均匀

3 分3次加入酸奶油，每次加入后均进行搅拌。

Kitchen Aid+搅拌桨

Ⓢ 2
Ⓣ 各20秒
Ⓑ 至均匀

* 放入酸奶油之前要随时整理盆内壁（a）。

4 一边搅拌，一边分3次加入鸡蛋（b）。

Kitchen Aid+搅拌桨

Ⓢ 2
Ⓣ 合计2分钟
Ⓑ 质地清爽，用搅拌桨提起来的时候可以缓慢向下流淌

* 加入鸡蛋搅拌均匀以后，每次都要记得清理容器内壁。
* 鸡蛋全部加入以后，用硅胶刮刀一边在底部搅拌，一边确认是否留有结块或奶油奶酪颗粒。如果发现，可以用硅胶刮刀按碎以后再搅拌15秒。

5 另取一个容器，加入1/5的面团，加入玉米淀粉，用打蛋器搅拌至均匀。倒回**4**的容器，用打蛋器仔细搅拌。

6 往每个模具中倒入480g的面糊（c）。面团表面如果向上隆起，可以用硅胶刮刀插入面糊中，使其松懈下去，然后整理表面。

7 在170℃的烤箱中蒸烤30分钟（d）。局部出现淡淡的烘焙色以后关停烤箱，静置。静置1小时以后，稍微自然冷却，然后从烤箱中取出，带模冷却。用保鲜膜包好以后放入冰箱冷却一晚。

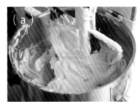
(a)

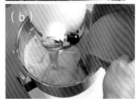
(b)

(c)

(d)

巴斯克芝士蛋糕

* Kitchen Aid便于操作的量（直径15cm圆形模具3个）。
* 最少量为1/3（1个），最多为5个。同时制作6个以上的时候，需要转移至另外一个大号容器后，再加入淡奶油。

材料（直径15cm圆形不脱底模具3个）

┌ 奶油奶酪（Kiri）…330g
└ 奶油奶酪（Philadelphia）…330g
细砂糖…300g
┌ 全蛋…450g
└ 蛋黄…33g
淡奶油…510g
柠檬汁…9g
┌ 低筋面粉（紫罗兰）…24g
└ 玉米淀粉…12g

准备

• 奶油奶酪冷却至26～30℃。
• 鸡蛋（全蛋与蛋黄混合）冷却至20～22℃。
• 淡奶油保持在25℃的状态。
• 低筋面粉和玉米淀粉混合在一起。
• 取30cm的方形烘焙用纸，压出褶皱，然后沿着模具内壁铺好。折出略小的圆形形状后，可以在上面再压一个略小的模具，让烘焙用纸和模具贴合得更加紧密。

烤箱

预热至240℃，烘焙时调整至240～250℃。

推荐品尝时间和保质期

• 推荐品尝时间为2天。
• 保质期为4天。不可冷冻可保存。

1 奶油奶酪和细砂糖装入Kitchen Aid的容器中，搅拌（a）。

Kitchen Aid+搅拌桨

S 1

T 1～2分钟

B 溶解细砂糖，呈现出光泽

* 中途需要适当清理。

2 一边搅拌，一边分3次加入鸡蛋（b）。

Kitchen Aid+搅拌桨

S 1

T 合计1分30秒

B 质地均匀

* 中途需要适当清理容器内壁和搅拌桨叶片。
* 鸡蛋全部加入完成以后，用硅胶刮刀一边在底部搅拌，一边确认是否留有结块或奶油奶酪颗粒。如果发现，可以用硅胶刮刀按碎以后再搅拌30秒。

3 加入淡奶油和柠檬汁（c）。

Kitchen Aid+搅拌桨

S 1

T 合计30～40秒

B 成为质地均匀的液体状

4 另取一个容器，加入1/5的面糊，加入粉类，用打蛋器搅拌至均匀。倒回**3**的容器，用打蛋器搅拌均匀（d）。

5 面糊保持在25℃的状态（e），每个模具中倒入665g的面糊。在240～250℃的烤箱中烘焙20～24分钟，表面出现烘焙色以后关停烤箱。上面呈现出可以颤动的状态后从烤箱中取出。

6 带模冷却。用保鲜膜包好以后放入冰箱冷却一晚（f）。

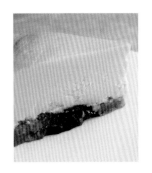

巴斯克芝士蛋糕的进阶

糖煮杏和西梅的
巴斯克芝士蛋糕

* 在前页的3个巴斯克芝士蛋糕基础上，再添加糖煮杏（p.127）、西梅红茶煮（p.127）各180g。

* 把糖煮杏和西梅红茶煮切成2cm左右的小块，像画圈一样铺在容器底部，这样可以保证成品切割时的美丽外观。

* 面糊的制作方法相同。放入180℃的烤箱蒸烤35～40分钟。表面出现淡淡的烘焙色以后，用竹签刺入蛋糕，如果抽出竹签时没带出面糊，即可出炉。

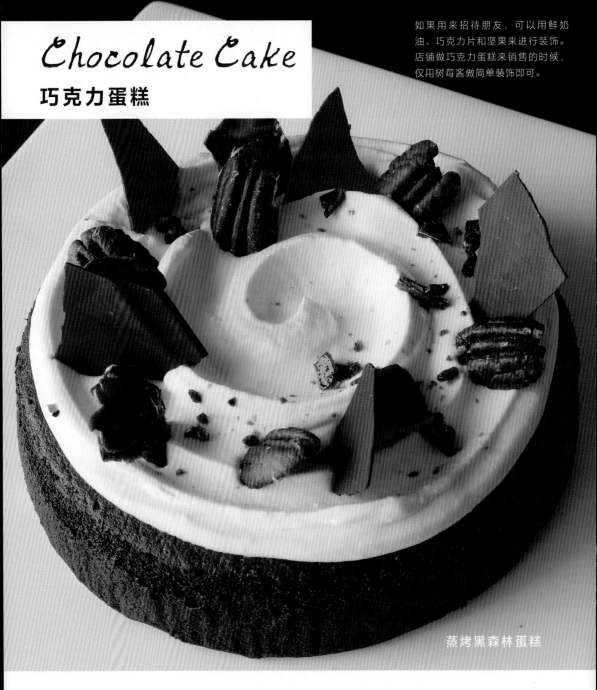

Chocolate Cake
巧克力蛋糕

如果用来招待朋友，可以用鲜奶油、巧克力片和坚果来进行装饰。店铺做巧克力蛋糕来销售的时候，仅用树莓酱做简单装饰即可。

蒸烤黑森林蛋糕

蒸烤黑森林蛋糕的美味在于其浓密和顺滑的香气完全不亚于巧克力蛋糕，但是比巧克力蛋糕更多了一丝回味。这个蛋糕的底坯采用蛋白霜制作并蒸烤而成，只要稍加留意避免过度烘焙，就能保留完全不逊色于生巧克力的口感。还有一个重点，就是使用了调温巧克力和可可粉的混合材料，这种做法赋予了蛋糕丰富的口感，营造出百吃不厌的风格。看起来，这是一款传统而简单的点心，实则会给人带来强烈的满足感。大概，这就是热卖的理由吧。

巧克力蛋糕的重点

重点 1

调温巧克力和可可粉的混合

调温巧克力是由法国品牌PECQ、法芙娜、可可百利这三家公司的产品混合而成的。三款产品从厂商到可可含量均有差异，可可粉也一样。单个厂商的产品，味道难免单一，无论怎么搅拌都不会给人带来丰富的口感。所以我们需要把几个厂商或品牌的商品混合在一起，让味道更具回味。这种混合的效果会在成品点心上呈现。但需要注意，不要对个性十足的法国品牌PECQ和法芙娜有执念。为了制作出万人迷的点心，就必须要挑选谁都喜欢、百吃不厌的食材才行。可可粉浓厚的味道能让味道更突出，但注意别让它喧宾夺主。

重点 2

蛋黄面糊和巧克力在混合完成时，
温度应在40℃以上

添加巧克力以后，蛋黄面糊会产生一定的收缩，导致之后加入的蛋白霜很难混合。特别是冬季，两种材料混合在一起以后很快就会变硬，所以混合的时候巧克力可以在50℃以上，蛋黄面糊在36℃左右，以此确保混合完成的时候温度仍在40℃以上。趁热加入蛋白霜。

重点 3

不要烘焙过度

用蒸烤的加热方式缓慢升温。用竹签刺入蛋糕内部，抽出时带出些许面糊时即可完成。如果完全不带出面糊，就意味着烘焙过度了。烘焙过度的蛋糕，口感没那么顺滑，巧克力的香气也没有那么浓厚。鸡蛋被加热以后，不会存在卫生方面的问题，冷却以后会自行凝固。黑森林蛋糕和芝士蛋糕同样传递着非凡的美味。

重点 4

大胆地搅拌蛋白霜

首先，仔细打发蛋白霜。作为参考，可以想象一下香草戚风蛋糕（p.66）最大分量的九成左右。最初，取1/4左右的巧克力面糊加入蛋白霜中，用打蛋器搅拌至顺滑。加入剩余的面糊，按照搅拌戚风蛋糕面糊（p.24）的方法搅拌100次以上，直到看不到蛋白霜为止。就算蛋白霜的泡沫消失也没关系。可以认为，泡沫的碎片会让蛋糕的口感更好。搅拌至巧克力色后与面糊均匀地混合在一起，成为清爽可流动的面糊为止。如果搅拌的程度不够，很难提升面糊的密度，这会导致成品的味道寡淡。

蒸烤黑森林蛋糕

* Kitchen Aid便于操作的分量（直径15cm圆形模具3个）。

* 在大容器中制作巧克力面糊，然后加入用Kitchen Aid打发的蛋白霜。

* 冷藏后变软，不宜切割。推荐冷冻保存。

* 最少量为1/3（1个）。

材料 （直径15cm的非脱底圆形模具3个）

A 调温巧克力

┌（可可百利，可可脂含量55%）…63g

│（PECQ，可可脂含量64%）…127g

└发酵黄油…130g

淡奶油…110g

┌蛋黄…130g

└细砂糖…124g

B 可可粉…104g

┌（法芙娜 69g，法国品牌PECQ 35g）

└低筋面粉（紫罗兰）…41g

┌蛋白…262g

└细砂糖…130g

装饰

奶油酱（p.74）…210g

碧根果、杏仁糖、薄板巧克力（p.127）…各适量

准备

• **A**和**B**提前混合。

• 淡奶油加温至40℃。

• 蛋白冷却至5～10℃。

• 烘焙用纸铺在模具中。在长边单侧剪出切
  口，靠在模具侧面，铺好底面。

烤箱

预热至190℃，烘焙时调整至170℃。

步骤

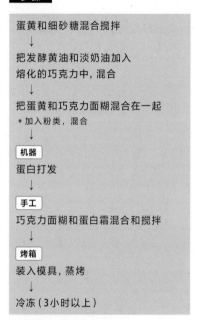

蛋黄和细砂糖混合搅拌

↓

把发酵黄油和淡奶油加入
熔化的巧克力中，混合

↓

把蛋黄和巧克力面糊混合在一起

* 加入粉类，混合

机器

蛋白打发

↓

手工

巧克力面糊和蛋白霜混合和搅拌

↓

烤箱

装入模具，蒸烤

冷冻（3小时以上）

推荐品尝时间和保质期

• 在冷冻室静置一夜，次日以后可以品尝。

• 保质期为5天。冷冻可保存2周。

蒸烤黑森林蛋糕的制作方法

1　**A**的巧克力装入盆中，隔水加热至熔化，保持50℃以上的温度。加入淡奶油搅拌（a）。

2　把蛋黄和细砂糖装入大容器（直径36cm）中，用打蛋器划动搅拌。隔水加热，继续搅拌，保持在40℃左右，撤掉热水。

3　把**1**装入**2**的盆中混合。继续加入**B**的粉类，用打蛋器快速混合，一气呵成（b）。加入可可粉以后，面糊会变硬。将面糊的温度保持在40℃以上。

4　蛋白和1小勺细砂糖放入Kitchen Aid容器中搅拌。

Kitchen Aid+打蛋器

Ｓ 10

Ｔ 1分30秒

Ｂ 打发到整体蓬松，蛋白霜可以从容器内壁上向下垂落

5　一边搅拌，一边把剩余的细砂糖分2次加入。

Kitchen Aid+打蛋器

Ｓ 10

Ｔ 1~1分30秒

Ｂ 加入细砂糖，整理平整，再次打发至蓬松。确认蛋白霜的强韧质地（c）。

6　取1/4的蛋白霜加入**3**的盆里，搅拌至顺滑，直到看不见蛋白霜。因为难以混合，所以需要多加留意。加入剩余的蛋白霜进行搅拌（d）。

搅拌戚风蛋糕面糊（p.24）

Ｎ 100次左右

Ｂ 蛋白霜气泡不可见，面糊质地清爽，可以流淌（e）

Ｇ 75g左右

7　往每个模具装入390g面糊，把模具轻磕在操作台面上，排空空气。然后快速左右转动模具，把表面整理平整。

8　放入170℃的烤箱中蒸烤22~24分钟（f）。用竹签慢慢刺入面糊，确认烘焙进度。当从靠近侧面1.5cm左右的位置刺入时，竹签不粘面团，但是从中心刺入会带出少量面糊的时候，从烤箱中取出（g）。

9　把模具放在冷却网上冷却，然后放入冷冻室静置一夜。

10　用刮刀涂抹奶油，进行纹理装饰（h），再添加一些杏仁糖、薄板巧克力等进行点缀。如果切块销售，可以考虑使用树莓酱（p.126）。

（a）

（b）

（c）

（d）

（e）

（f）

（g）

（h）

Banana Cake

香蕉蛋糕

可以烤成圆形，然后切块销售。也可以直接烘焙杯蛋糕。

在曼谷的食品店和超市常常可以见到香蕉蛋糕，我从泰国面点师那里学会了制作方法。泰式点心的风格独特，例如酸甜的味道、用台式搅拌机混合低筋面粉、使用轻质植物油等，这种充满东南亚风情的味道大大地激发了我的想象力。

吃一口超满足，适合用来装袋销售。

香蕉蛋糕的重点

重点 1

使用全熟香蕉

这款蛋糕可以使用全熟的香蕉，甚至熟到香蕉皮上出现黑色斑点也没关系。制作戚风蛋糕的时候，过熟的香蕉会导致面糊空洞，但这款蛋糕完全没这个困扰。冷冻保存的熟香蕉也可放心使用。

重点 2

所有的材料都用机械搅拌

只要按照打发鸡蛋、粉类、油、香蕉的顺序加入，然后搅拌即可。面粉含量较多，可以轻轻提起打蛋器，确认有无不均匀，然后重新放回机械继续搅拌。通过粉类和材料的仔细搅拌，可以切断筋性，这叫作美式制法。这样做出的口感让我们自己的员工也称赞不已。

重点 3

进阶

使用椰子油和椰蓉让热带风情更加浓郁，搭配柠檬酸打造美式杯蛋糕风格，可以用这款蛋糕开发各种不同口味。

香蕉蛋糕

* Kitchen Aid 便于操作的分量（直径15cm的圆形模具3个）。
* 最少量1/3（1个），如果制作6个以上，需要转移到大号容器中。

材料

（直径15cm的圆形模具3个，直径7cm的玛芬模具18个，直径4～4.5cm的迷你玛芬模具约60个）

全蛋…180g
细砂糖…190g
A 低筋面粉（紫罗兰）…210g
　┌ 小苏打…4g
　└ 泡打粉…7g
盐…2g
太白芝麻油…190g
　┌ 香蕉（使用重量）…260g
　└ 柠檬汁…7mL

准备

• 鸡蛋保持在20～22℃。
• **A**混合在一起。
• 烘焙用纸铺在圆形模具里（p.98）。
　在玛芬模具内要铺好杯蛋糕的底座纸。

烤箱

预热200℃，烘焙时调整至180℃。

推荐品尝时间和保质期

• 推荐品尝时间为当日起3天内。
• 保质期为7天。

步骤

碾碎香蕉
　* 浇上柠檬汁
　↓
【机器】
用鸡蛋和细砂糖打发蛋白霜
　↓
加入粉类，搅拌
　↓
加入油，混合
　↓
加入香蕉，搅拌
　↓
【烤箱】
倒入模具，烘焙

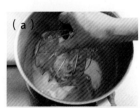

（a）

（b）

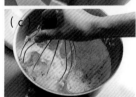

（c）

（d）

（e）

（f）

香蕉蛋糕的制作方法

1. 用叉子或打蛋器把香蕉大致碾碎，也可以使用果泥。浇上柠檬汁。

2. 把全蛋和细砂糖放入Kitchen Aid的容器中，轻轻搅拌（a），打发（b）。

   Kitchen Aid+打蛋器

   Ⓢ 7

   Ⓣ 3～3分30秒

   Ⓑ 发白，用打蛋器提起来的时候能松散跌落，然后痕迹马上消失

   * 天冷的时候，可以在打发的过程中隔水加热。

3. 把粉类和盐加入 **A** 中，用打蛋器搅拌（c），低速搅拌。看不见干粉以后，提高搅拌速度，继续搅拌。

   Kitchen Aid+打蛋器

   Ⓢ 2→3

   Ⓣ 30秒→30秒

   Ⓑ 看不见干粉以后提速，完成时质地蓬松

   * 定时清理内壁。

4. 一边搅拌，一边分4次加入太白芝麻油（d）。每次加入后都要融合均匀，方可下一次加入。如果不容易混合，可以用手拿着打蛋器搅拌。

   Kitchen Aid+打蛋器

   Ⓢ 2～3

   Ⓣ 每次加入后30秒，合计3分钟

   * 加入完成后，清理容器内壁和打蛋器，再次搅拌。

5. 加入 **1** 中所有的香蕉（e），继续搅拌。

   Kitchen Aid+打蛋器

   Ⓢ 3

   Ⓣ 1～1分30秒

   Ⓑ 有浓度，黏稠但可以流淌

   * 香蕉完全融合后，还要继续搅拌30秒。

6. 倒入模具中，圆形模具每个350g，玛芬模具6个合计350g，迷你玛芬模具12个合计210g（f）。放入180℃烤箱中，圆形模具25分钟，玛芬模具23分钟，迷你玛芬模具16～17分钟。裂口处出现淡淡的烘焙色即可结束。

   * 小模具需要用裱花袋挤入。

椰香杯蛋糕

材料

（直径7cm的玛芬模具16～18个，直径4～4.5cm的迷你玛芬模具约50个）

全蛋…180g

细砂糖…200g

A 低筋面粉（紫罗兰）…200g

└ 泡打粉…10g

┌ 太白芝麻油…150g

└ 椰子油…50g

牛奶…100g

椰蓉…60g

装饰用

椰蓉…10g

按照制作香蕉蛋糕的方法，把粉类混合在一起，加入太白芝麻油和椰子油的混合物，用牛奶和椰蓉代替香蕉。先加入牛奶，再加入椰蓉。加入椰蓉以后，用速度1搅拌至均匀。装入模具中，在180℃的烤箱中烘焙24分钟。

*迷你玛芬模具的烘焙时间为16～17分钟。

柠檬杯蛋糕

材料

（直径7cm的玛芬模具16～18个，直径4～4.5cm的迷你玛芬模具约50个）

全蛋…180g

细砂糖…210g

A 低筋面粉（紫罗兰）…200g

└ 泡打粉…9g

太白芝麻油…200g

牛奶…100g

柠檬皮（碎）…10～12g（2～2.5个柠檬）

柠檬汁…1大勺多

按照制作香蕉蛋糕的方法制作。加入牛奶作为香蕉的替代品。牛奶充分混合以后，加入柠檬皮和柠檬汁，用速度3搅拌40秒，制作顺滑的面团。装入模具中，在180℃的烤箱中烘焙24分钟。

*迷你玛芬模具的烘焙时间为16～17分钟。

Carrot Cake
胡萝卜蛋糕

胡萝卜蛋糕的制作方法简单，只要把材料按顺序混合在一起就能完成。通常制作的时候不需要打发蛋白霜，但是Oven Mitten仍使用全蛋蛋白霜来营造蓬松的口感。在面粉中添加榛子粉或杏仁粉，追求更浓郁的风味。但是，坚果中的油脂容易弄破蛋白霜的气泡，所以要在最后混合粉类。搭配柠檬果泥成分，实现雅致品位。这款点心与胡萝卜蛋糕的小点心不同，成品属于更加正式的蛋糕类别。使用了柠檬口味的蛋白霜。

出炉后静置一晚。需要前一天烘焙，当日涂刷蛋白霜。

胡萝卜蛋糕的重点

重点 1

胡萝卜的前后称重

挤干胡萝卜的时候，需要留下适当的水分。为了让成品的质量稳定，我们需要称重挤干前后的重量。去皮，仅称重实际使用的重量。挤干水分以后，如果仍然比推荐重量更重，则需要再挤压几下。相反，如果略轻，则需要重新加入些许胡萝卜汁进行调整。胡萝卜皮会有氧化变色的可能，所以削皮使用。

重点 3

先混合各种食材，提高搅拌的效率

出现蓬松的气泡以后，高效混合各种食材，尽量留存气泡。胡萝卜与柠檬汁、低筋面粉与坚果粉和香料、核桃与葡萄干和柠檬皮，把这些食材先分别混合在一起，然后集中在一起混合即可。这样做能最大限度减少搅拌的次数。

重点 2

打发出强韧的全蛋蛋白霜

就像打发的全蛋海绵蛋糕一样，可以用机械打发出强韧的气泡。这种气泡质地蓬松，口感柔软，但最后加入的坚果油脂却会让泡沫很容易消失。所以不需要像海绵蛋糕那样低速搅拌。如果鸡蛋的打发程度不足，那么成品的口感就会变得干硬。

重点 4

成品是瑞士蛋白霜

胡萝卜蛋糕上面的奶油通常是奶油奶酪或加了砂糖的酸奶油，但其实这个蛋糕和瑞士蛋白霜非常搭配。这款蛋白霜的甜度适当，保质期很短，所以务必当日食用。如果少量制作，可以手持打蛋器，加入1/2小勺细砂糖，然后最大限度地打发泡沫。伴随着剩余砂糖的加入，认真打发蛋白霜。最后加入柠檬皮碎屑，掩盖蛋白的腥味。

胡萝卜蛋糕

* Kitchen Aid便于操作的分量（直径18cm的圆形模具3个）。

* 最少量为1/3（1个）。

材料 （直径18cm的圆形模具3个）

┌ 胡萝卜（碎）…680g
├ →挤干后…470g
└ 柠檬汁…32g

┌ 全蛋…315g
├ 细砂糖（细粒）…157g
└ 黄糖…80g

太白芝麻油…126g

A 低筋面粉 （紫罗兰）…220g
┌ 杏仁粉…160g
├ 榛子粉…126g
└ 泡打粉…10g

盐…1.5g

香料
┌ 肉豆蔻（碎屑）…2g
├ 姜粉…2g
├ 丁香粉…2g
└ 桂皮粉…4g

柠檬皮（碎屑）…1/2个
核桃…130g
葡萄干…75g

蛋白霜
┌ 蛋白…95g
├ 细砂糖…150g
└ 柠檬皮（碎屑）…1/2个

准备
• A提前混合好，加入盐和香料。
• 葡萄干用温水浸泡。
• 烤箱中铺好烘焙用纸（p.90）。

烤箱

预热200℃，烘焙时调整至180℃。

步骤

胡萝卜切碎，挤掉多余的汁液
* 加入适量柠檬汁
↓
全蛋和糖隔水加热
↓
机器
打发蛋白
↓
加入油，混合
↓
手工
加入胡萝卜、核桃和葡萄干混合，搅拌
↓
加入粉类和香料混合，搅拌
↓
烤箱
装入模具，烘焙
↓
冷却后，用蛋白霜装饰

推荐品尝时间和保质期

• 推荐第二天品尝。
• 保质期为常温2天、冷藏4天。如果装饰了蛋白霜，则需要当日内食用完毕。
• 如果蛋糕尚在保质期内，可以重新制作蛋白霜，重新涂刷后食用。

胡萝卜蛋糕的制作方法

1 胡萝卜去皮，切碎，从680g挤到470g。加入柠檬汁。

2 把全蛋放入Kitchen Aid的容器中打散，加入细砂糖和红糖混合。隔水加热到40℃（a），放置到机械上进行搅拌。

Kitchen Aid+打蛋器

Ⓢ 6

Ⓣ 6分钟

Ⓑ 变白，提起打蛋器的时候可在面糊上留下痕迹（b）

3 搅拌的过程中加入太白芝麻油（c）。

Kitchen Aid+打蛋器

Ⓢ 1

Ⓣ 20～30秒

Ⓑ 搅拌至油混合均匀

* 用从底部提起打蛋器的方式进行搅拌，确认有无油混合不均匀的部位。

4 摘下容器，用硅胶刮刀把**1**的胡萝卜混合进去，加入柠檬皮、烘焙过的核桃、葡萄干（d），大致搅拌。

5 粉类加入混合了香料的**A**，用硅胶刮刀缓慢地仔细搅拌（e）。

搅拌全蛋海绵蛋糕面团（p.23）

Ⓝ 20次

Ⓑ 搅拌至看不到干粉为止

6 每个模具中倒入550g的面团（f），用刮板轻轻整理表面。放入180℃的烤箱中烘焙33～35分钟，直到出现烘焙色为止（g）。

7 脱模，放在冷却网上冷却。

8 打发蛋白霜。取蛋白和少量细砂糖，放入Kitchen Aid的容器中搅拌。出现蓬松的泡沫以后，分2～3次把剩余的细砂糖放入容器中，继续打发。

Kitchen Aid+打蛋器

Ⓢ 10

Ⓣ 3分钟×（2～3分钟）=合计6～8分钟

Ⓑ 富有光泽，可以观察到小犄角

9 把柠檬皮的碎屑加入**8**的蛋白霜中，搅拌。然后在蛋糕上面进行装饰（h）。最后撒上适量柠檬皮。

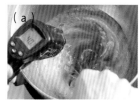

Tart

挞（布里斯挞皮）

这是一款Oven Mitten的常销甜点，让自制金橘果泥和香喷喷的芝麻融洽地结合在一起。

金橘芝麻挞

烘焙水果挞
（大石李子、菠萝和香蕉、甘夏橘）

用时令水果烘焙水果挞，熬煮的过程
中加入了水果精油，水灵灵的质地沁
人心脾。再加上杏仁奶油和蜂蜜，能
给人带来甜蜜的味道。

新鲜水果挞
（草莓、香蕉）

把卡仕达酱和水果搭配在一起，涂在
酥软的挞皮上。可以点缀一些自制的
焦糖果泥和树莓果酱，可谓画龙点
睛。

Oven Mitten的水果挞经过了高温烘焙，因此水果的酸甜味道得以浓缩。接下
来，与醇香的杏仁奶油和酥软的挞皮搭配在一起，孕育出口唇留香的余韵和美
感。好味道的秘诀来自没有甜味的布里斯挞皮，挞皮里含有大量发酵黄油。我们
无须反复折叠这款挞皮，只要用搅拌器进行混合，就能轻松得到像派皮那种层层
叠叠的口感。就算跟新鲜水果一起烘焙，也能始终保持酥软的口感。另外，杏仁
奶油中使用了加州卡梅尔杏仁粉，没有使用小麦粉，所以杏仁和鸡蛋的香气格外
鲜明。材料简约但不失精致，恰到好处地烘托出了各种材料的味道。

挞的重点

重点 1

在冷却的状态下使用蛋黄液

这款布里斯挞皮非常简单。把能用手指按出小坑的黄油放进搅拌机容器中，加入粉类搅拌成颗粒状。然后加入蛋黄、水、盐和砂糖混合。接下来加入蛋黄液，混合即可。这样就能做出酥软如派皮的层次感。重点是使用前需要提前冷却好蛋黄液。夏季，只要少量水分就能把面团归拢成形，但缺水会影响松散的口感，所以请务必按指定分量用水。

重点 2

使用前记得预留面团的静置时间

布里斯挞皮在混合完成以后，需要在冰箱冷藏室里静置一晚后再用。这样能增强面团松散的质感，而且冷冻后的面团更便于操作。为了便于操作，可放入厚质塑料袋中，擀成2cm左右的厚度，然后放进冷藏（冷冻亦可）室保存。

重点 3

关注杏仁的风味，锁定杏仁品种

为了追求完美的杏仁奶油，我们必须重视杏仁本身的风味和韵味。使用100%无添加美国产卡梅尔杏仁粉，无须搭配小麦粉或玉米淀粉。在这种情况下，杏仁的风味更加鲜明，但需注意冷藏后搅拌时出现的分离现象。杏仁奶油不可以单独冷藏保存（融入布里斯挞皮后可以冷冻保存）。

重点 4

使用时令水果进行点缀

春：草莓和卡仕达酱（新鲜）、甘夏橘。夏：大石李子、李子、杏、无花果。秋：洋梨、李子苹果、苹果（红玉）等。糖煮金橘、香蕉和菠萝是可以常年使用的水果。

水果烘焙的秘诀

摆放好新鲜水果，跟挞皮一起入炉烘焙。新鲜的果汁在烘焙的过程中沉降到挞皮里，孕育出浑然天成般绝妙的味道。那么，如何选择百吃不厌的食材？又如何烘焙出绝美的烘焙色呢？有以下几个秘诀。

● 选择模具的方法

选用马特法公司出品的16cm杰鲁模具和8cm米拉松模具，这两款模具比较深，足以承载满满的奶油和水果。烘焙时，水果会慢慢沉降到奶油中间，只在表面露出浅浅一个边缘，这样的平衡刚刚好。如果选用浅款模具，那么底部的布里斯挞皮就会向上翻翘，让奶油外溢。法国的点心店常使用环状挞模，这样的模具也同样存在太浅的问题。而且对于Oven Mitten来说，这样的模具显然无法叠放保存，所以没有使用。

● 摆放水果片的方法

摆放的要点是让水果的切口朝上，让水分在烘焙的过程中蒸发掉。另外，摆放的水果应酸甜适中。杏和李子类的果皮略酸，可以带皮烘焙。

● 烘焙程度

布里斯挞皮不能单独烘焙，所以要一直烘焙到水果整体呈现出浓重的烘焙色，甚至局部发焦的程度才行。因为直到这时候，底部才能真正变熟。出品之前，用剪刀把焦糊的水果剪掉即可。

冷冻保存

将布里斯挞皮铺入模具，然后基本上可以冷冻保存。冷藏保存的时候，水分会溢出，因此会破坏成品的口感。如果一定要单独烘焙挞皮，就需要在冷冻的状态下开始烘焙。填充了杏仁奶油酱以后，也可以冷冻。Oven Mitten通常在冷藏室内解冻，或者用微波炉半解冻后摆放水果烘焙。

金橘芝麻挞

* 布里斯挞皮为Kitchen Aid便于制作的分量（16cm杰鲁模具6个）。
* 杏仁奶油为Kitchen Aid便于制作的分量（约1150g，16cm杰鲁模具6个）。
* 最少量为各自的1/3（1～2个）。

材料

布里斯挞皮（直径16cm的非脱底杰鲁模具6个）

发酵黄油…300g

低筋面粉（紫罗兰）…416g

- 蛋黄…16g
- 冷水…80g
- 盐…4.7g
- 细砂糖…8g

杏仁奶油酱（16cm的杰鲁模具5个）

发酵黄油…300g

细砂糖…300g

杏仁粉…300g

全蛋…260g

成品装饰（1个）

糖煮金橘（p.126）…100g

白芝麻…约20g

准备

布里斯挞皮

- 发酵黄油保持在22℃的状态。
- 冷水、盐、细砂糖与蛋黄混合在一起，制作蛋黄液，冷却备用。
- 手粉使用高筋面粉。
- 擀面杖、模具等工具都需要冷却备用。

杏仁奶油酱

- 发酵黄油、细砂糖、全蛋保持在22℃的状态。
- 杏仁粉保持在7℃以下的状态（放入冷冻室）。

烤箱

预热210℃，烘焙时调整至190～200℃。

步骤

布里斯挞皮

机器

搅拌发酵黄油
↓
加入粉类混合
↓
分次加入蛋黄液
↓
放入冷藏室静置一夜
↓

手工

擀开面团，铺进模具中
↓

烤箱

填充奶油，摆放水果，烘焙

杏仁奶油酱

机器

打发发酵黄油和细砂糖
↓
分3～4次加入鸡蛋，混合
↓
加入杏仁粉，搅拌
↓

烤箱

倒入面团，烘焙

推荐品尝时间和保质期

- 金橘芝麻挞的推荐品尝时间为3天后，保质期为5天。
- 水果蛋挞的推荐品尝时间为当日，保质期为2天。
- 在使用了新鲜水果和卡仕达酱的情况下，推荐品尝时间和保质期均为当日。

金橘芝麻挞的制作方法

[布里斯挞皮]

1 将发酵黄油放入Kitchen Aid的容器中搅拌（a）。

Kitchen Aid+搅拌桨

Ⓢ 3

Ⓣ 30～40秒→清理后15秒

Ⓑ 整体顺滑为止

2 加入所有的低筋面粉，降低速度继续搅拌（b）。

Kitchen Aid+搅拌桨

Ⓢ 1

Ⓣ 30秒

Ⓑ 不成团，仍然松散的状态

3 低速转动，加入蛋黄液（c）。面糊成团以后再清理一次，完成后再搅拌10秒左右，让面团聚拢（d）。

Kitchen Aid+搅拌桨

Ⓢ 1→清理后2

Ⓣ 15秒→清理后10秒

Ⓑ 成团

4 把面团装入厚质塑料袋中，擀成2cm左右的薄片（e），然后放入冷藏室静置一夜。

[杏仁奶油酱]

1 22℃的发酵黄油和细砂糖放入Kitchen Aid的容器中打发。中途适当清理，直到出现蓬松洁白的泡沫（a）。

Kitchen Aid+搅拌桨

Ⓢ 2

Ⓣ 2分钟

Ⓑ 变白且蓬松为止

2 分4次加入鸡蛋（b）。每次加入后均应搅拌均匀。

Kitchen Aid+搅拌桨

Ⓢ 1～2

Ⓣ 每次加入后40秒

Ⓑ 整体均匀但是呈不成团的状态（c）

3 加入所有冷冻好的杏仁粉（d），搅拌至完全融合（e）。

Kitchen Aid+搅拌桨

Ⓢ 1

Ⓣ 15秒

Ⓑ 融合即可

4 面糊成团后，如果偏软，可放入冷藏室静置10分钟左右，然后马上使用。

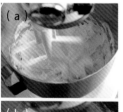
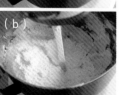
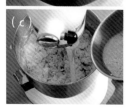

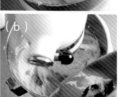

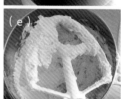

[从铺入挞皮到烘焙]

1 取出静置好的面团，针对每个模具准备135g（真正使用重量为125g）。在操作台上撒好手粉，捏圆边角（a）。捏圆以后用擀面杖擀成圆形（b）。

 ＊如果使用8cm的模具，则擀开35g的面团即可，真正使用30g。

2 擀到直径为20～21cm（c），铺在模具里。可以在铺进去之前，稍微向内折一下挞皮（d），紧紧地贴着模具边缘铺好，确保模具的边角不留缝隙。

3 擀面杖在上面转动一周（e），擀掉多余的挞皮。如果模具很小，可以用刀切掉多余的挞皮（f）。表面刺孔（g）。

4 填充杏仁奶油酱（110g），用硅胶刮刀抹平（h）。放入沥干水分的糖煮金橘（100g），从上面再盖一层杏仁奶油酱（90g）（i，j）。

5 在上面撒满白芝麻（k），轻轻按压，让芝麻粘牢。然后放入190℃的烤箱中，最少烘焙50分钟。马上脱模，确认底面烘焙程度良好以后（l），放在网上冷却。

烘焙水果挞

如前页完成步骤**3**以后，填充杏仁奶油酱。
把中间压低，边缘调整到与模具边缘平齐的
高度。奶油量为16cm模具150g，8cm模具
27g。水果量为16cm模具180～200g，8cm模
具35g左右。大石李子带皮切成楔形，菠萝和
香蕉切成易于入口的形状，甘夏橘剥皮，然后
分别摆放到挞皮上。放入190℃的烤箱烘焙，
16cm模具需要60分钟以上，8cm模具需要40
分钟以上。烘焙至上面开始焦糊为止，用剪刀
剪掉焦糊的部位。可以小火炖煮市面上销售的
杏果酱，趁热涂在上面。

新鲜水果挞

如前页完成步骤**3**以后，盖上烘焙用纸或铝箔
碗，然后压上铝制重石。放入190℃的烤箱
中烘焙，16cm模具需要40分钟以上，8cm模
具需要30分钟左右。脱模，放在网上冷却。
草莓挞要在底面涂刷树莓酱；香蕉挞要在底
面涂刷焦糖酱（p.126）。然后填充卡仕达酱
（p.51），上面摆放水果。也可以用裱花袋把
焦糖酱细细地挤在香蕉挞上面。

Cookie
曲奇

冰盒曲奇

冰盒曲奇的特征是口感酥脆轻盈，入口即化。为了体现黄油的香气，一般制作时面团不会打发蛋白霜。但是Oven Mitten反其道而行之，打发泡沫，然后再调整面团的质地。这款面团支持"后加"食材。

肉桂焦糖曲奇（Spéculoos）

阿尔萨斯地区的传统点心口感干脆，味道淳朴。每一口都能感受到香料的美味，面粉香会给人留下深刻的印象。为了再现这种口感，选用粗粒砂糖，同时在开始的步骤就加入粉类，尽量不让砂糖溶化在制作面团的过程中。因此，没有必要按照法式面团的方法制作面团。通过学习这种历史悠久的制作方法，我再次对以往耳熟能详的手法有了新的认识。

月牙曲奇（Kipfel）

广为人知的维也纳风格的点心，通常为月牙形或马蹄形。Oven Mitten的月牙曲奇采用榛子粉制作，因此香气扑鼻、口感酥脆，特征非常显著。这款面团中加入了同等重量的玉米淀粉和榛子粉，但是没有使用鸡蛋，因此不容易产生麸质。因为同时使用2种布里斯面皮，所以质地平顺，口感细腻，并不会让人感受到干粉的生涩。

维也纳曲奇（Viennois）

个头比较大的曲奇，因其口感细腻松软的特征吸引着一众粉丝。经过长时间打发的黄油营造出松软的面团，与粉类混合后被用力挤出可爱的形状。但是，从食材的温度到过程的推进以及最后的挤出步骤，都需要操作者具有丰富经验和专注力。挤面团的时候要留意挤出角度，保证流畅的曲线和条纹。

冰盒曲奇的重点

重点 1

使用日清Ecriture低筋面粉

通常，专用低筋面粉的北美点心都存在面团收缩的问题。但是日清Ecriture这种法国产小麦粉的颗粒较粗，黏性较低，反而能体现酥脆的口感。

重点 2

打发黄油，整理布里斯面皮

为了打造清爽的口感，要在一开始就把黄油打发，然后加入面粉，制作蓬松的面团，最后排出空气，制作布里斯挞皮。打发的黄油和布里斯挞皮都是酥脆和清爽的秘诀。

重点 3

进阶

原味面团中不含香草成分，但是可以在中间环节加入其他食材完成进阶款式。在按照p.119的步骤**3**完成Oven Mitten风格的布里斯挞皮之前，可以加入香橼（或1/3个柠檬）等。在步骤**4**之后，可以加入碎切的香草叶（百里香和迷迭香1.25g）、红茶（伯爵红茶的粉末4.5g）、巧克力碎、核桃（40g）等。另外，还可以用其他小麦粉、米粉、大麦粉、荞麦粉等替换部分日清Ecriture低筋面粉，以创作别具一格的曲奇。括号内的分量为1条150g所需分量。

冰盒曲奇（香草）

* Kitchen Aid便于操作的分量（约150g，8条）。
* 最少量为1/4（2条）。
* 制作进阶款式的时候，不要加入香草，但要在适当的时机加入其他食材。

材料　（直径3.3cm的曲奇130~145个）

发酵黄油…400g
细砂糖…180g
香草豆荚…5~6cm
  ┌ 蛋黄…36g
  └ 蛋白…24g
低筋面粉（日清Ecriture）…600g
细砂糖（粗粒，完成前装饰用）…适量

准备

• 黄油保持在20~22℃的状态。
• 蛋黄和蛋白混合。
• 准备卷纸（23cm×15cm）。

烤箱

预热190℃，烘焙时调整至170℃。

步骤

机器
打发发酵黄油和细砂糖
↓
分3~4次加入鸡蛋，混合
↓
加入粉类，混合

手工
制作Oven Mitten风格的布里斯面皮
↓
塑形成圆柱形，冷冻

烤箱
切割，烘焙

推荐品尝时间和保质期

• 推荐品尝时间为出炉后4~5天内。
• 保质期为3周。
• 烘焙前的面团可冷冻保存4周。

冰盒曲奇(香草)的制作方法

1 发酵黄油和细砂糖放入Kitchen Aid的容器中，加入香草打发。最初使用低速，渐显黏稠后提高搅拌速度。最后包裹住空气，呈现出白色。

Kitchen Aid+搅拌桨

🅢 1→2

🆃 合计1分30秒～2分钟

🅑 变白变蓬松

2 分3～4次加入鸡蛋（a），每次加入后都要进行搅拌。让鸡蛋均匀地分散开（b）。

Kitchen Aid+搅拌桨

🅢 2

🆃 各1分30秒，合计4～5分钟

🅑 整体混和均匀

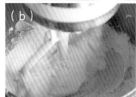

3 加入全部的低筋面粉混合（c）。观察状态，用搅拌机的低速挡断断续续地搅拌5～10秒，让面糊聚拢。面糊成团后，继续搅拌10秒左右，让面团呈现出白色。到不粘手的时候，搅拌结束（d）。

Kitchen Aid+搅拌桨

🅢 1→2，成团后转为3

🆃 5～10秒断断续续地搅拌

🅑 变白，面团不粘手

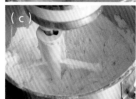

4 把面团分成8份，每份各150g。用刮板制作Oven Mitten 风格的法式面团（e），让面团质地更细腻。如果需要加入茶叶、巧克力碎等其他进阶食材，可以在做好法式面团后用刮板切割着混合进去。

Oven Mitten风格的法式面团（p.25）

🅑 变白，质地细腻

5 确认卷纸的宽度，把面团放在卷纸上，塑形至粗细均匀的程度，然后用纸卷成圆柱体（f），合计8条。放入冰箱冷冻30分钟以上（g）。因为质地比较细腻，所以就算面团柔软也能短时间硬化。从准备开始2小时内就能出炉，制作效率很高。

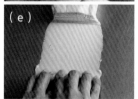

6 冻好以后，摘掉外包装纸，周围撒上粗粒细砂糖。切成1.3cm的薄片（h），摆放在烤盘中，放入170℃的烤箱烘焙18～22分钟。表面出现烘焙色以后取出，放在冷却网上冷却。请确认烘焙程度，避免外侧全部呈现出烘焙色，但是面团内部没有烤熟的现象。

肉桂焦糖曲奇的重点

重点 1

使用4种砂糖

肉桂焦糖曲奇最大的特征就是其脆脆的口感，所以要把粗砂糖和细砂糖组合在一起使用。为了提升香气，还用到了红糖和粗黄糖。这款曲奇追求的是轻脆的口感和复杂的味道。

重点 2

对味道起决定性作用的斯佩尔特小麦粉

斯佩尔特小麦比较接近原始的品种，烘焙后口感酥脆，风味极佳。这个特点与醇厚的红糖和香料特别契合。Oven Mitten采用日清Ecriture这种法国产小麦粉，在保持口感轻盈的同时能最大限度地实现浓郁的味道。两种小麦粉原本的味道和层次感都被体现得淋漓尽致。

重点 3

早期加入粉类，防止砂糖溶化

让粗砂糖在不溶化的状态下保留到最后，就能烘焙出特有的松脆口感。在黄油处于低温状态的时候开始搅拌，然后早早加入粉类，趁砂糖还没有溶解就完成搅拌。同样的理由，不需要制作法式面团。面团不容易成团，要在冰箱中静置一会再擀开。

肉桂焦糖曲奇

* Kitchen Aid易于操作的分量（3cm × 7cm长方形模具约100个）。

* 最少量为1/3（约33个）。

材料 （3cm×7cm长方形模具约100个）

发酵黄油…300g
A 粗黄糖…112.5g
┌ 黄糖…112.5g
│ 粗砂糖…76g
│ 细砂糖…40g
└ 食盐…5g
B 斯佩尔特小麦粉…285g
┌ 低筋面粉（Ecriture）…300g
└ 泡打粉…6g
混合香料（p.126）…25g
┌ 全蛋…75g
└ 牛奶…30g

准备

- 黄油保持在19～20℃的状态。
- 面粉保持在20℃的状态。
- **A** 提前混合。
- **B** 提前混合，加入混合香料。
- 全蛋和牛奶提前混合。
- 在烤盘中铺好烘焙用纸。
- 用擀面杖排气的过程中，在面团表面留下细小的凸凹，形成淳朴的风格。

烤箱

预热170℃，烘焙时调整至150℃。

推荐品尝时间和保质期

- 推荐品尝时间为出炉后2周内。
- 保质期为4周。

步骤

机器
把发酵黄油和砂糖混合在一起
↓
加入全部的面粉，混合
↓
加入全蛋和牛奶，混合
↓
放入冰箱冷藏室，静置
↓
擀开面团，放入冰箱冷冻室静置
↓

烤箱
切割，烘焙

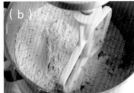

肉桂焦糖曲奇的制作方法

1　把发酵黄油装入Kitchen Aid中，加入**A**混合（a）。

　　Kitchen Aid+搅拌桨

　　🇸 1

　　🇹 2分钟

　　🇧 整体融合，开始变白，砂糖尚未溶化

2　一次性加入全部**B**和混合香料搅拌（b），直至
　　呈现出松散的粉团状（c）。

　　Kitchen Aid+搅拌桨

　　🇸 1

　　🇹 1分30秒

　　🇧 呈现出松散的芝士粉状

3　加入牛奶和全蛋搅拌。面团开始变得黏稠（d）。

　　Kitchen Aid+搅拌桨

　　🇸 1

　　🇹 断断续续地搅拌10～15秒，共45秒

　　🇧 成团后再搅拌15秒

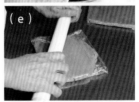

4　把面团分成3份（约450g），装入塑料袋中（e），
　　擀成约15cm×20cm后放入冰箱冷藏。

5　取出面团，用擀面杖擀成28cm×27cm×2mm
　　的面片（f），放入冷冻室冷冻5～10分钟。

6　用波形格尺切出3cm×7cm的长方形（g），约
　　36个。摆放到烤盘上，在中央位置扣出心形图
　　案，再用叉子刺出小孔（h）。放入150℃的烤
　　箱中烘焙23～27分钟，取出后放在网上冷却。

月牙曲奇的重点

重点 1

粉类一次性加入

一次性加入所有粉类，制作高密度面团，让空气难以混入。这样做的目的是体现榛子的香味，增强酥脆口感。如果先加入黄油和砂糖搅拌，面团难免发软，这会影响之后的塑形。

重点 2

两种面团相结合，口感细腻

月牙曲奇需要两种法式面团。首先使用Oven Mitten风格的法式面团，减少玉米淀粉的干涩感。然后用手揉搓的法式面团调整质地，实现细腻的口感。这两种面团的结合不仅能孕育出更加细腻的口感，也能获得更理想的烘焙膨胀度，从而实现更好的外观效果。但请留意不要过度烘焙。

重点 3

形状也是美味的因素之一

不同店铺出品的月牙曲奇，拥有不一样的形状。Oven Mitten的月牙曲奇，是两端细中间粗的形状。品尝时可以体会到两端的烘焙香和中间的黄油香，这是让众位食客百吃不厌的奥秘之一。

月牙曲奇

* Kitchen Aid易于操作的分量（6.5cm模具约100个）。
* 最少量为1/3（约33个）。

材料 （长6.5cm的月牙形模具约100个）

发酵黄油…330g

A 玉米淀粉…200g
低筋面粉（紫罗兰）…200g
糖粉…150g

榛子粉…200g
糖粉（成品装饰用）…适量

准备

- 黄油保持在22℃的状态。
- A提前混合，与榛子粉放在一起搅拌。
- 在烤盘上铺好烘焙用纸。

烤箱

预热190℃，烘焙时调整至170℃。

步骤

> **机器**
> 打发发酵黄油
> ↓
> 一次性加入所有粉类，混合
> ↓
> **手工**
> Oven Mitten风格的法式面团
> ↓
> 用手揉搓的法式面团
> ↓
> **烤箱**
> 塑形，烘焙

推荐品尝时间和保质期

- 推荐品尝时间为出炉后4～5天内。
- 保质期为3周。

月牙曲奇的制作方法

1 发酵黄油放入Kitchen Aid的容器中，打发至顺滑且出现小犄角的状态（a）。

Kitchen Aid+搅拌桨

Ⓢ 2→3

Ⓣ 1分钟

Ⓑ 顺滑且出现小犄角

2 一次性加入**A**和所有的榛子粉搅拌（b）。最初比较毛糙，但随着搅拌会慢慢变得顺滑（c）。适当清理容器内壁。

Kitchen Aid+搅拌桨

Ⓢ 1→2

Ⓣ 20秒

Ⓑ 面糊成团为止

3 提高搅拌速度，直至整体顺滑。开始变白以后，就不会粘手了（d）。

Kitchen Aid+搅拌桨

Ⓢ 4

Ⓣ 20秒→10秒（观察状态进行调整）

Ⓑ 面团不粘手，质地变得更加细腻

4 把面团分成4份，制作Oven Mitten风格的面团（e）。

Mitten风格的面团（p.25）

Ⓑ 面团的质地细腻规整，富有弹性

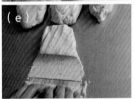

5 把整个面团分成10g的小块（f），放入冷藏室静置10分钟左右。对用手揉搓的法式面团进行持续塑形（g）。先用手掌把面团揉成圆形，然后捏成两端细、中间粗的纺锤形（h），整齐地摆放在烤盘里（i）。

用手揉搓的面团（p.25）

Ⓑ 更加白皙，更加顺滑

6 放入170℃的烤箱烘焙16~20分钟。两端和边缘部位出现烘焙色以后取出，放在冷却网上冷却。冷却以后撒糖粉。

维也纳曲奇的重点

重点 1

对温度进行管理

维也纳曲奇成功的关键在于最初打发黄油的环节。为此，黄油应当始终保持马上熔化的24℃，糖粉也应当保持在24℃，然后在这样的情况下开始打发操作。即使中间加入蛋白，也应控制在28℃。搅拌过程中，要频繁用温度计测温，如果温度下降，可以用吹风机对着容器加热，让容器保持在25℃左右。冬季制作时，可以把小麦粉摊在烘焙用纸上，放入烤箱加热后使用。对所有食材的温度进行管理，才能实现丝滑的口感。

重点 2

用黄油制作蓬松的面团

开始时使用Kitchen Aid的高速挡，把黄油打发至临界值。超过6分钟以后，含有大量空气的黄油就会开始发白，成为蓬松的霜状。此时，如果加入冰凉的食材，会造成面团固化的结果。所以要按照上述温度要求，提前准备温热的食材。

重点 3

挤压裱花的法式面团

为了制作"虽然口感轻盈，但是味道浓郁"的维也纳曲奇，要压扁裱花口的头部，然后用力挤出裱花的法式面团。加快挤出速度，让压力把面团中的大气泡挤小，实现更加细腻的质地。这样的操作手法，让法式面团的质地和味道更上一层楼。另外一个窍门是从较低的位置以按压的手法把面团挤在操作台上。如果从较高的位置挤出面团，会让面团变厚（更高）。这样会影响烘焙效果，无法体现轻盈的口感。

维也纳曲奇

* Kitchen Aid易于操作的分量
  （3.5cm×7cm模具约70个）。

* 最少量为1/3（约23个）。

材料　（宽3.5cm×长7cm模具约70个）

发酵黄油…300g
- 糖粉…120g
- 食盐…0.2g
- 香草精…0.8g（约1/6小勺）
- 香草糖…1.5g
蛋白…48g
低筋面粉（紫罗兰）…355g

准备

- 黄油保持在24℃的状态。

- 香草精和香草糖混合在一起使用。
  如果只用其中一种，需要分量翻倍。

- 蛋白保持在28℃的状态。

- 在烤盘上铺好烘焙用纸。

- 把菊花形的裱花口头部压扁，让出口更窄。

烤箱

预热190℃，烘焙时调整至170℃。

步骤

> **机器**
> 发酵黄油和糖粉打发至最大程度
> ＊用吹风机吹热风来保持操作过程中的温度
> ↓
> 分两次加入蛋白，混合
> ↓
> 加入粉类，混合
> ＊把打蛋器换成搅拌桨
> ↓
> **手工**
> 用硅胶刮刀混合
> ↓
> 裱花的法式面团
> ↓
> **烤箱**
> 塑形，烘焙

- 推荐品尝时间为出炉后7天内。
- 保质期为2周。

维也纳曲奇的制作方法

1　发酵黄油、糖粉、食盐、香草精和香草糖放入Kitchen Aid的容器中打发。黄油相当柔软（a），冬季需要提前给糖粉加温。频繁用温度计测温，让面团保持在25～26℃的状态。如果温度不够，可以用吹风机从容器侧面和上面吹热风来保温（b）。打发至临界值，呈现出蓬松洁白的状态（c）。

Kitchen Aid+打蛋器

🆂 10

🆃 6分30秒

🅱 蓬松洁白的状态

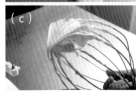

2　轻轻打散蛋白，没有结块的状态即可，加温至28℃。加入一半左右（d），继续搅拌。加入剩余蛋液。然后打发至出现小犄角（e）。

Kitchen Aid+打蛋器

🆂 6～8

🆃 1分钟→加入剩余部分后继续搅拌1分钟

🅱 紧致且有小犄角

🅶 47～57g

3　清理容器内壁，加入所有低筋面粉（f）。换成搅拌桨，继续轻轻搅拌（g）。

Kitchen Aid+搅拌桨

🆂 1

🆃 15秒

🅱 看不见干粉为止

4　从机械上取下来，用硅胶刮刀从容器底部盛起，大幅度搅拌8次左右（h）。注意不要过度搅拌。

用硅胶刮刀大幅度搅拌

🅽 8次

🅱 整体调和，质地基本均匀即可

🅶 77～84g

5　把扁口裱花口装配在裱花袋上，装入面团。从距离烤盘5mm的高度，用按压烤盘的感觉挤出面团（i）。S形重复2次，挤出3.5cm×7cm的雏形。当然也可以挤出心形。

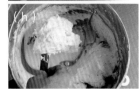

裱花的法式面团（p.25）

🅱 用力挤压，挤出纤薄的面团

6　放入170℃的烤箱烘焙18～20分钟。在花纹隆起部位出现烘焙色，背面也出现漂亮的烘焙色后取出，放在冷却网上冷却。

补充食谱

○ 糖浆

● 基本糖浆

把细砂糖和水以1:3的比例混合，煮沸，冷却后加入香料等素材，例如柑橘类香精、可可粉、混合香料、利口酒等。糖浆一般不会单独使用，需要加入香料后在2～3天内用完。洋酒的香气容易蒸发，使用前可以再加一点。

● 香草糖浆

把细砂糖和水以1:6的比例混合，加入留有香草豆的豆荚，煮到水只剩下一半，确保香气全部被激发出来。

○ 啫喱（容易制作的分量）

水…65g

细砂糖…22g

果酱…3g

细砂糖…3g

鲜榨柠檬汁…6g

小锅内装入水和细砂糖，煮沸。关火，加入果酱和细砂糖，完全溶解。再次点火，整体顺滑后加入柠檬汁，关火。过滤后冷藏，可保存2周时间。

○ 树莓酱

杏果酱（市售品）…15g

糖粉…10g

冷冻覆盆子果泥（RAVIFRUIT）…50g

杏果酱中加入半量糖粉，仔细搅拌。防止杏果酱的黏稠度降低。加入解冻后的覆盆子果泥，再加入剩余的糖粉，搅拌至没有结块。因为未经点火加热，可冷藏保存5天，冷冻可保存1个月。

○ 焦糖酱（容易制作的分量）

细砂糖…120g

淡奶油…96g

牛奶…56g

水饴…20g

淡奶油和牛奶在小锅中混合，加温到40℃。另取一个小锅，加入细砂糖，中火加热至出现焦色后，加入淡奶油和牛奶搅拌。继续加入糖浆，使其溶化。冷冻保存2周左右。使用时取出必要的分量即可。

○ 糖衣

基本上，蛋白和糖粉的比例为1:6。在使用前制作，蛋白内加入半量糖粉，用勺子等工具仔细搅拌，加入剩余的糖粉，搅拌至发白。加入制作柠檬蛋糕用的柠檬汁等，搭配出符合点心香气的味道。

○ 混合香料

桂皮（粉）…4

姜（粉）…2

丁香（粉和球一样一半）…2

绿色八角（粉）…2

肉豆蔻（球）…1

直接用香料球碾出的碎末为上佳，但是粉末也可以。数字标示体积比，也可更换为重量（g）。绿色八角使用法国产品种。如果没有，可以用八角粉和茴香粉代替。

○ 糖煮金橘（完成量约650g）

金橘…500g

细砂糖…150g（金橘的30%）

水…35～50g（金橘的7%～10%）

摘掉金橘的果蒂，横向切开，去掉果核。细砂糖和水放入锅中，中火加热，大致搅拌。沸腾后小火熬煮6分钟。静置一晚，使果肉充分吸收糖浆。冷藏可保存20天，可以冷冻保存。

○ 西梅红茶煮（完成量约300g）

西梅（去掉果核，未加水的西梅）… 200g

红茶（格雷伯爵茶）茶叶…4g

热水…120g

茶叶泡入热水中，盖上盖子以后闷蒸7分钟，过滤。红茶和西梅装入锅中点火加热，沸腾后关火。盖上盖子静置5小时至一晚，使其变软。冷藏可保存2周，可冷冻保存。

○ 糖煮杏（完成量约180g）

杏干（非半干杏干）…100g

水…100g

细砂糖…30g

锅内放入水和杏干，点火加热，沸腾后小火加热5～6分钟。关火，盖上盖子以后静置7～8分钟。再次开小火，加入细砂糖，煮1～2分钟后关火，盖上盖子冷却。冷藏可保存1个月，可冷冻保存。

○ 薄板巧克力（30cm×25cm，约3块）

喜好的调温巧克力…100g

可可百利…1g

在平板（大理石板）上准备一张厚质OPP纸。在OPP纸上倒1/3量的巧克力进行塑形（温度配合所用的巧克力即可），从上面盖上另外1张OPP纸，用擀面杖擀成薄板。带着OPP纸一起，放在晾板上。在上面压上较重的板子，确保巧克力在凝固之前不会变形，然后放入冰箱冷藏。冷藏可保存1个月。

○ 杏仁片（容易制作的分量）

细砂糖…60g

杏仁片（轻度烘焙）…30g

把细砂糖放入小锅中，大火加热。细砂糖开始出现淡淡的焦色以后开始搅拌，直至熔化。关火，加入杏仁片，快速搅拌。再次点火，整体呈现出焦糖色后，马上倒在烘焙用纸上，薄薄摊开。自然冷却，凝固后敲碎成便于使用的大小。放入密封容器中，和防潮剂一起存放，常温下可保存1周。

○ 奶酥（直径15cm圆形模具1个）

发酵黄油（切成1cm的小块）…15g

低筋面粉（紫罗兰）…20g

杏仁粉…20g

细砂糖…15g

桂皮粉…1/3小勺

盐…少量

食材全部放入盆中搅拌，用指尖把黄油碾碎，先碾成1/2的大小，再碾成1/4的大小，反复操作。食材呈现出粗芝士粉的状态即可，冷藏可保存一周，冷冻可保存一个月。

材料和工具

Oven Mitten使用的材料和工具，有些直接出现在本书食谱中，本节中仅介绍我格外钟情的几款，还包含推荐的厂家、型号、推荐理由以及使用窍门等。

材料

○ 甜品用小麦粉

- 紫罗兰（日清制粉）
- 超级紫罗兰（日清制粉）
- Ecriture（日清法国产）
- 斯佩尔特小麦粉

不同的点心可以选用不同的甜品用小麦粉。制作口感轻盈的海绵蛋糕和威风蛋糕时，推荐选用紫罗兰；制作蛋糕卷时，推荐选用颗粒更细的超级紫罗兰；制作曲奇等酥脆的烘烤点心时，推荐选用法国产的小麦颗粒较粗的日清Ecriture。在面粉中混合进些许斯佩尔特小麦粉，可以增强点心的风味，让味道更加浓厚。

○ 发酵黄油

几乎所有的烘烤点心都会用到明治乳业的发酵黄油。黄油可以赋予烘烤点心更丰盈的香气，保持成品轻盈的口感和余韵。可以说，黄油是制作浓香型烘烤点心的必备品。

○ 淡奶油

固定使用中泽乳业乳脂肪含量47%的淡奶油，既能用在泡芙和卡仕达酱里，也能用在切块蛋糕、芝士蛋糕和黑森林蛋糕里。理由在于其乳香浓厚，可以完美匹配素来重视食材原味的Oven Mitten风格。打发以后直接使用的时候可以加入一些牛奶，实现更轻盈的入口感受。不便用乳脂肪含量低的品种。

○ 泡打粉

开始出现使用不含铝的食材的声音以后，我尝试了多种类型的产品，最后还是选择一直使用的这款产品。从膨胀效果的持续性、烘焙后的收缩率等方面进行研究，不断调整配合的比例，不停尝试创作，最终实现了消除苦味、膨胀度极好的烘焙效果。泡打粉会影响点心的品相和味道，我用实际经验证明了这一点。

○ 调温巧克力、可可粉

对于法国品牌PECQ、可可百利、法芙娜等材料，最重要的是要把这些厂家和品牌不同的几种食材混合在一起使用。如果品种单一，则很难感受到复杂而有深度的香味，容易吃腻。

○ 商用尺寸的点心制作工具

- 盆
（直径36cm，直径27cm，深20.8cm）
- 打蛋器（11号、12号，长34～37cm）
- 硅胶刮刀（长29.9cm，宽6.2cm）

其他制作工具可以用家用工具代替，但是盆、打蛋器和硅胶刮刀应该使用商用大号产品。

○ Kitchen Aid附带的备用容器

在连续制作蛋清、蛋黄分离的面糊和不同点心的时候，有几个附带的备用容器会更方便。

○ 非接触式温度计

测量食品的温度、操作过程中面糊的温度时，推荐使用红外线的非接触式温度计。日常操作时频繁地测量温度，养成观察面团状态的习惯，这样能减少成品偏差。

○ 纸张类

海绵蛋糕和磅蛋糕等需要灌入模具的时候，可以用卷纸，以减少面糊粘连。制作芝士蛋糕、黑森林蛋糕的时候，可以使用剥离性能强大的烘焙用纸（烤箱用纸）来做底层垫纸。也就是说，根据不同的用途来区分使用。

- 对流恒温电烤箱（米勒／5个烤盘）3台
- 对流恒温燃气烤箱（Cometkato／8个烤盘）1台
- 20夸脱（≈22.72L）搅拌机（发泡机）1台
- Kitchen Aid（FMI）2台
- 台式搅拌机（发泡机）1台

店铺入口的右手边摆放着一台1.5m宽的单层冷藏展柜。从展柜内的角度来看，左侧收银台的旁边摆放着镇店之宝——泡芙。在这里不仅能快速完成结账的流程，还同时摆放着20多款日产日销的蛋糕。2017年重新装修以后，20余种烘烤点心一直被摆放在展柜的对面。但从疫情开始以后，我们刻意把顾客的动线调整成了一条直线，所以现在烘烤点心被转移到了展柜的前面。这样也能尽量缩短员工离开展柜的时间。

鲜蛋糕需要日产日销

对于鲜蛋糕来说，日产日销是一个基本策略。剩下的单品不能在冷冻保存之后次日销售。因此我们不得不时刻留意销售的行情，然后陆续追加制作。当然，也要提前把冷冻保存的芝士蛋糕和黑森林蛋糕转移到冷藏室，这样才能时刻迎接新的任务。每天早上切块蛋糕是第一批上架的产品，蛋糕卷只使用当天出炉的蛋糕底坯。除此之外，店面陈列的挞、司康、玛芬等商品，也都保持着新鲜出炉的状态。

灵活的定价方法

制作泡芙的时候，需要手工挤奶油，无论如何都会出现大小差异。Oven Mitten会把小一点的泡芙叫作"S泡芙"，以不同价格来销售。另外，临期商品会被标上"自家品尝"的标签，价格略微下调。

展柜内侧的小吃角，售罄后立即补充，不放弃任何销售的机会。

单独包装商品的搭配组合

在Oven Mitten，所有点心在装进盒子里之前都会被单独包装。曲奇等品类不会直接装进盒子或罐子里。因为黄油含量较多，口感细腻丰富，相互碰撞之后也容易破碎。所以OPP袋不仅能封住点心的香味，还可以起到缓冲垫的作用。

装入 OPP 袋，不使用脱氧剂

曲奇等烘烤点心以及磅蛋糕、戚风蛋糕等都要装入 OPP 袋里单独包装
（1～2个）。这样能保持发酵黄油和坚果浓郁的香气，还能防止湿气侵袭，
而且包装袋本身也能成为防止磕碰的缓冲垫。另外，虽然会使用干燥剂，
但不会使用脱氧剂来延长保质期。因为脱氧的过程中，一定会影响点心的
风味和口感。Oven Mitten 商品的保质期比别家商品的保质期略短，磅蛋
糕出售后可保鲜1周，脆饼干等烘烤点心可保鲜2～3周。说到理由，当
然是因为烘烤点心要趁新鲜才好吃。店员会反复跟客人表达"尽早品尝"
的意义，希望客人在购买之前了解保质期和"趁鲜食用"的好处。我认为，
点心制作完成的时候并不是终点，销售和推荐的过程也同样重要。

切割

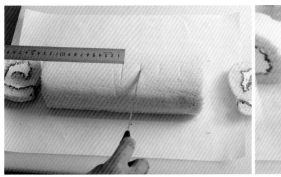

蛋糕卷

用30cm方形烤盘制作蛋糕卷的时候，首先要切掉两端的蛋糕边，然后切成八等份。准备一张略宽于蛋糕断面的OPP纸，包裹时要紧紧裹住蛋糕断面。在保持蛋糕卷断面美观的同时，防止移动时蛋糕卷变形。

戚风蛋糕

用直径21cm模具制作的戚风蛋糕可以切成十等份后销售。不涂抹奶油，直接摆在店面。可以借助另行准备好的模具纸（该情况下为1/10份）来做标识。使用长刀刃的波纹刀，留意切口的美观，切割的时候小心地从下面拖住蛋糕进行支撑。

Stocking up

OVEN MITTEN KOJIMA RUMI NO KOJIKOMI SEIKA TECHNIQUE
© Rumi Kojima 2022
Original Japanese edition published by SHIBATA PUBLISHING Co., Ltd.
Simplified Chinese translation rights arranged with SHIBATA
PUBLISHING Co., Ltd. through The English Agency (Japan) Ltd. and
Shanghai To-Asia Culture Co., Ltd.

©2024，辽宁科学技术出版社。

著作权合同登记号：第 06-2023-213 号。

图书在版编目（CIP）数据

小岛老师的小包装点心烘焙技巧 /（日）小岛留味著；
榕倍译 . -- 沈阳：辽宁科学技术出版社，2025. 1.--ISBN
978-7-5591-3877-4

Ⅰ. TS213.2

中国国家版本馆 CIP 数据核字第 2024WA6495 号

出版发行：辽宁科学技术出版社
　　　　　（地址：沈阳市和平区十一纬路25号　邮编：110003）
印　刷　者：辽宁新华印务有限公司
经　销　者：各地新华书店
幅面尺寸：170mm×240mm
印　　张：8.5
字　　数：150千字
出版时间：2025年1月第1版
印刷时间：2025年1月第1次印刷
责任编辑：康　倩
版式设计：袁　舒
封面设计：袁　舒
责任校对：韩欣桐

书　　号：ISBN 978-7-5591-3877-4
定　　价：55.00元

联系电话：024-23284376
邮购热线：024-23284502
邮　　箱：987642119@qq.com